Photoshop CC设计之道——
APP 视觉创意与设计

严晨 杨智坤 著

机械工业出版社
China Machine Press

图书在版编目（CIP）数据

Photoshop CC 设计之道——APP 视觉创意与设计 / 严晨，杨智坤著 . —北京：机械工业出版社，2015.4

ISBN 978-7-111-49895-7

Ⅰ . ① P… Ⅱ . ①严… ②杨… Ⅲ . ①移动电话机—应用程序—程序设计②图象处理软件 Ⅳ . ① TN929.53② TP391.41

中国版本图书馆 CIP 数据核字（2015）第 071764 号

　　移动 UI 就犹如人的脸面，形成了用户对一款移动 APP 最直观的第一印象，甚至可以传递特定的情绪，进行有效的视觉暗示，由此可见 APP 视觉设计的重要性。当今很多 UI 视觉设计师不是不懂如何进行制作，而是不知道从何处入手，以什么思路进行创作。当前的设计教育重点也从过去单一的技法讲授向系统的设计思维方法训练转变，更加追求对设计创新的系统方法和思想的应用，引导读者从宏观、整体和系统的角度去认识并进行创造。本书就是以传授设计方法和创意思路为主要宗旨，通过对大量案例的讲解及设计过程的展示，试图让读者认识和了解 APP 视觉设计的全新理念，学会一种新的思维方式。

　　全书共分为开始、风格、惊喜、创意和爆发五章，循序渐进地讲述了移动 UI 的基础概念、五大要素的内容、十大界面元素的设计、移动设备基础应用程序的界面设计和完整 APP 客户端的界面设计这五个方面的内容。本书利用浅显易懂的表述、精美的配图、详尽的图文搭配讲解了 APP 视觉设计的重点和难点，并通过对大量案例的详细解析来帮助读者掌握 APP 视觉设计的创作技巧。

　　本书特别适合移动设备 UI 视觉设计的初学者阅读和学习，同时对 Photoshop 使用者、平面设计师和 APP 开发设计人员也有很高的参考价值。

Photoshop CC 设计之道——APP 视觉创意与设计

出版发行：机械工业出版社（北京市西城区百万庄大街 22 号　邮政编码：100037）

责任编辑：杨　倩　岳　清

印　　刷：北京盛兰兄弟印刷装订有限公司　　　版　　次：2015 年 5 月第 1 版第 1 次印刷

开　　本：170mm×230mm　1/16　　　　　　印　　张：14.5

书　　号：ISBN 978-7-111-49895-7　　　　　　定　　价：69.00 元

凡购本书，如有缺页、倒页、脱页，由本社发行部调换

客服热线：(010) 88378991　88361066　　　　投稿热线：(010) 88379604
购书热线：(010) 68326294　88379649　68995259　　读者信箱：hzjg@hzbook.com

Foreword

前言

　　随着移动设备的迅猛发展，对移动设备中的应用程序需求越来越多，而各种应用程序界面设计良莠不齐，用户通常会选择界面视觉效果良好，且具有良好体验的应用留在自己的移动设备上长期使用。移动界面不同于网页应用的界面，设计师需要挑战小尺寸屏幕，需要将众多的信息放在小尺寸屏幕里，这无疑是一个巨大的挑战。

　　面对用户对**APP**的视觉要求，**UI**设计师如何满足用户要求，如何使自己设计的软件盈利呢？那么多的设计要求，要怎么才能抓住用户真正在意的核心诉求？怎样才能创作出既符合系统设计规范，又满足大众视觉需要的产品？这些都是设计师们困扰的问题。本书通过讲解大量的创作思路，对移动**APP**的视觉设计进行有目的的引导，呈现出从无到有，从有到精的过程，帮助读者掌握**APP**的设计方法和思路。

本书特色

- 设计指南概述：通过"设计指南概述"这个模块来对移动设备界面中十大设计元素的设计规范和制作特点进行讲解，帮助读者快速掌握移动设备界面设计的细节。

- 创意演变大揭秘：将单个界面元素的演变记录下来，通过形状的改变、色彩的调整、特效的修饰、材质的添加等环节来呈现界面元素的设计过程和创意流程。

- 提取关键字：利用完整实例中的"项目任务"对界面设计提出要求，通过"提取关键字"模块让读者学会抓住设计要求中的核心字眼，也就是抓住设计的重点。

- 思维的扩散与爆发：详细讲解各个案例中所使用的思维方式和创意来源，以提取的关键字为中心进行发散联想，展示出设计的思路，让读者认识**APP**界面设计的全新方法。

开始： 主要讲述与移动UI视觉设计相关的基础概念、设计原则以及界面设计所需的Photoshop软件的常用基础知识，让读者拥有设计的敲门砖。

风格： 移动UI界面设计因为尺寸、主题、布局、字体和色彩这五大要素的不同而产生影响，在此将对这五大要素进行详细的讲解和分析。

惊喜： 剖析移动设备界面中十个最为常用且最基础的设计元素，详细讲解这些元素的设计规范和设计要点，通过循序渐进的方式展示出设计的思路，以及优秀作品的演变过程。

创意： 以移动设备中的基础应用程序的设计为主要内容，通过案例的形式对这些应用程序的界面进行设计，并总结这些界面的特点，利用个性化的设计来表现基础应用程序的界面。

爆发： 以完整的项目设计进行讲解，通过提出设计要求、提炼设计要点、分析设计思路、剖析制作步骤等环节展示出一个完整APP的创作过程和思路。

其他

本书由北京印刷学院严晨老师编写Chapter 01~Chapter 03部分内容，由北京市环境与艺术学校杨智坤老师编写Chapter 04和Chapter 05部分内容。特别感谢北京印刷学院数字媒体艺术实验室（北京市重点实验室）在本书的出版过程中提供的大力资助。尽管作者在编写过程中力求准确、完善，但是书中难免会存在疏漏之处，恳请广大读者批评指正，让我们共同对书中的内容一起进行探讨，实现共同进步。

编者

2015年2月

一、加入微信公众平台

方法一：查询关注微信号

　　打开微信，在"通讯录"页面点击"公众号"，如图1所示，页面会立即切换至"公众号"界面，再点击右上角的十字添加形状，如图2所示。

　图1　　　图2

　　然后在搜索栏中和输入"epubhome"并点击"搜索"按钮，此时搜索栏下方会显示搜索结果，如图3所示。点击"epubhome恒盛杰资讯"进入新界面，再点击"关注"按钮就可关注恒盛杰的微信公众平台，如图4所示。

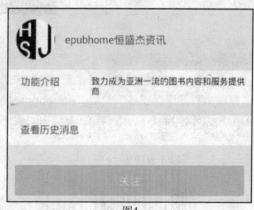

　　　　图3　　　　　　　　　　　　　　　　　图4

　　关注后，页面立即变为如图5所示的结果。然后返回到"微信"页中，再点击"订阅号"进入所关注的微信号列表中，可看到系统自动回复的信息，如图6所示。

图5

图6

方法二：扫描二维码

在微信的"发现"页面中点击"扫一扫"功能，页面立即切换至如图8所示的画面中，将手机扫描框对准如图9所示的二维码即可扫描。其后面的关注步骤与方法1中的一样。

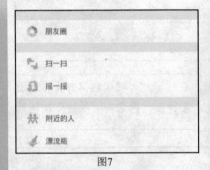

图7

图8

图9

二、获取资料地址

书的背面有一组图书书号，用"扫一扫"功能可以扫出该书的内容简介和售价信息。在微信中打开"订阅号"内的"epubhome恒盛杰资讯"后，回复本书书号的后6位数字，如图10所示，系统平台会自动回复该书的实例文件下载地址和密码，如图11所示。

ISBN 978-7-111-49895-7

9 787111 498957

图10

图11

三、下载资料

1. 将获取的地址，输入到IE地址栏中进行搜索。

2. 搜索后跳转至百度云的一个页面中，在其中的文本框中输入获取的密码，然后单击"提取文件"按钮，如图12所示。此时，页面切换至如图13所示的界面中，单击实例文件右侧的下载按钮即可。

提示： 下载的资料大部分是压缩包，读者可以通过解压软件（类似Winrar）进行解压。

图12

图13

多媒体视频播放说明

方法①: 使用IE播放器播放视频

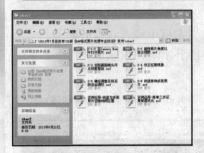

STEP 01 打开资源包中存放多媒体视频的文件夹

STEP 02 右击要播放的SWF视频文件，在弹出的菜单中执行"打开方式>选择程序"

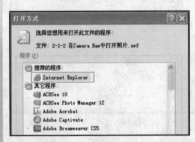

STEP 03 在弹出的"打开方式"对话框中的"推荐的程序"列表中选择"Internet Explorer"选项。

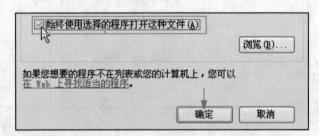

STEP 04 接着"打开方式"对话框下方勾选"始终使用选择的程序打开这种文件"前的复选框，此处设置后再次打开SWF格式的文件，将自动使用IE浏览器播放

STEP 06 单击IE浏览器弹出的安全选项提示，在弹出的菜单中单击选择"允许阻止的内容"选项，接着在弹出的"安全警告"对话框中单击"是"按钮，允许IE播放此文件。

STEP 05 此时该SWF视频文件将在IE浏览器中打开，而IE浏览器将由于安全原因阻止视频播放并弹出安全警告选项。

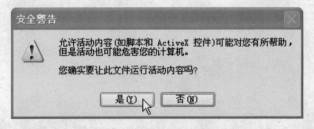

STEP 07 完成以上操作后，该SWF即可在IE浏览器中进行播放，此后双击打开其他的视频文件均可在IE浏览器中自动播放。

方法②：使用FlashPlayer播放视频

STEP 01 使用Flash Player播放视频，首先需要下载该软件，在各大搜索网站中输入"flashplayer_10_sa_debug"可得到大量结果，挑选一个下载地址进行下载。

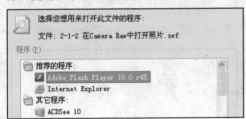

STEP 03 选择要播放的视频文件，按照前面介绍的方法，选择打开文件的方式为"Adobe Flash Player"

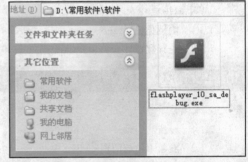

STEP 02 可以看到下载的Flash Player软件图标如下，该软件不用安装，可直接双击运行。

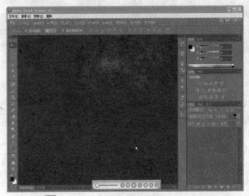

STEP 04 完成以上操作后，该视频即可在Adobe Flash Player中进行播放。

视频播放条按钮介绍

① 视频进度滑块　　　⑤ 播放按钮
② 视频播放进度条　　⑥ 暂停按钮
③ 重新播放按钮　　　⑦ 快进按钮
④ 快退按钮　　　　　⑧ 视频信息按钮

Contents

目录

Chapter 04　创意　开启灵感源泉构思个性移动UI　　　　63

Chapter (05) 爆发 升级创意创作完美移动UI界面　　　139

Chapter

01

开始

获取移动UI视觉设计的敲门砖

移动UI视觉设计是UI设计中的一个分支，也是当下最为流行和火热的一个话题。随着移动设备的发展，对其界面的视觉设计要求越来越高，所呈现的设计风格也越发丰富。想要设计和制作出令用户满意的界面效果，掌握一些必备的设计原则和设计方法是很有必要的，本章将对移动UI视觉设计的基础概念、设计原则、创意来源的寻找、设计规律和Photoshop相关的基础操作进行讲解，让读者获得移动界面设计的敲门砖，能够快速入门且提高工作效率。

1.1 概述移动UI视觉设计

移动设备的UI视觉设计，是UI视觉设计的一个分支，就是对移动设备中的操作界面进行视觉上的美化和修饰，使其外观界面吸引更多的关注，接下来就让我们来认识一下移动UI设计的相关概念和重要性。

移动设备的UI设计是移动设备中软件的人机交互、操作逻辑、界面美观的整体设计，而移动UI的视觉设计是联系用户和后台程序的一种界面视觉设计，如下图所示。移动设备的UI视觉设计一直被业界称为APP的"脸面"，好的移动UI视觉设计不仅要让应用程序变得有个性、有品位，还要让应用程序的操作变得舒适、简单、自由，充分体现应用程序的定位和特点。

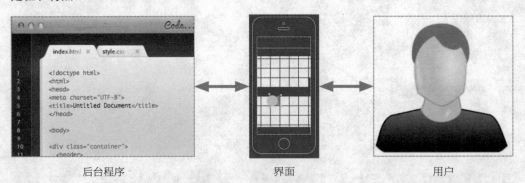

后台程序　　　　　　　　　　界面　　　　　　　　　　用户

相比较于web网页视觉设计，移动UI视觉设计能够设计的屏幕尺寸更小，关键是鼠标和键盘已经被手指替代了，有更多控件需要进行美化，如右图所示为手机上展示和操作的效果。还有更重要的，那就是移动UI视觉设计不能使用一种方案来笼统地包含这些不同的移动平台，其兼容性要求更高。虽然只有巴掌大小的空间可以发挥，但是，为移动设备做设计并不是很容易。

一个好的移动UI视觉设计对应用程序的成功推广起着非常关键的作用。移动设备界面是用户最先接触到的东西，也是一般性的用户唯一接触到的东西。用户对于界面视觉效果和软件操作方式易用性的关心程度，要远远高于对底层到底用何种代码去实现的关心程度。如果说程序是一个人的肌肉和骨骼，那么移动UI的视觉设计就是人的外貌和气质，都是一个成功的APP所必不可少的重要组成部分。

如下图所示的两幅图片，左图是没有经过界面设计的效果，界面中的元素没有添加任何的色彩的特效，让人感觉呆板而无趣；而右图界面是添加了多种特效和用心设计后的效果，可以很轻易地察觉到这样的界面能够给人愉悦的感受。

移动UI视觉设计就是为移动设备的界面进行视觉效果设计，那么哪些设备可以归纳为移动设备呢？移动设备也称为行动装置、流动装置、手持装置等，是一种口袋大小的通信或数码设备，通常有一个小的显示屏幕，可以触控输入，或有小型的键盘。通过它，用户可以随时随地访问获得各种信息，诸如平板电脑和智能手机之类的设备都可以称为移动设备。本书主要以智能手机为基础展开介绍，大部分的内容都与之相关。

由于移动设备的屏幕尺寸太小，其设计的角度和布局都是与电脑不同的，如下图所示为不同设备中界面设计的布局调整效果。

电脑

平板

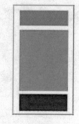

手机

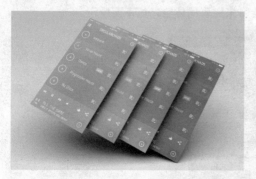

成功的移动UI视觉设计，不仅让应用程序变得有个性、有品味，还让应用程序的操作变得舒适、简单、自由，充分体现出应用程序的定位和特点。

美丽的事物常常让人无法抗拒，出色的移动UI视觉设计对于应用的销售与推广，有着举足轻重的作用，应用程序界面美观与否，很大程度上关系到应用程序的成败。

移动UI视觉设计原则

移动UI视觉设计的原则总的来说可以概括成界面的完整匹配性、保持界面的一致性、直观性和界面在用户的掌控之中这四大要点，本小节将具体介绍移动UI视觉设计的原则。

1.2.1 完整性原则

移动UI视觉设计的完整性，并不是用来衡量一个应用程序的界面有多好看，而是用来衡量应用程序的界面与功能是否匹配。例如，一个应用程序，会用比较具体的元素和背景来体现所要完成的任务，对于突出的任务则会使用标准的控件和操作行为进行表现，进而传达一个清晰和统一的信息给用户，让用户懂得应用程序的目的，如下图所示。但是如果应用程序在所要产生的任务上使用了异想天开的元素，用户就会被这些可能相互矛盾的信号所困扰。

触碰后切换到新的界面，表现出功能的完整性和界面元素的完整性

界面功能的完整性

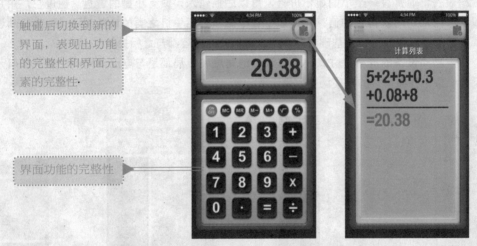

同样地，在一个模拟真实场景的仿真游戏APP界面中，用户会希望有一个漂亮的界面来提供更多的乐趣，从而鼓励他们继续游戏。尽管用户可能不期待能够在一个游戏中完成一个艰难的任务，但他们仍然希望游戏的界面能带来完整的体验，如下图所示。

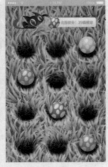

以打地鼠为参照的抢球游戏，通过设计逼真的草坪效果，让用户的体验更加完整和愉悦

1.2.2 一致性原则

移动UI视觉设计要遵循一定的设计原则，其中一个最基本的设计原则就是一致性原则。所谓一致性原则，是指界面交互元素外观一致和交互行为的一致，一致性原则是经常被违反的一个原则，同时也是最容易修改和避免的。

界面设计的高度一致性，使得用户不必进行过多的学习就可以掌握其共性，有助于用户的操作便利性，减少用户的学习量和记忆量。

在具体的设计中，首先要对界面的色彩、布局、风格等进行确立，并严格遵循一致性原则。无论是控件使用，提示信息措辞，还是颜色、窗口布局风格等，都要遵循统一的标准，做到真正的一致。如下图所示是为医院APP设计的界面，在其中可以看到，界面中的色调、背景、标题栏、图标栏、按钮等元素的设计风格都保持了高度的一致性。

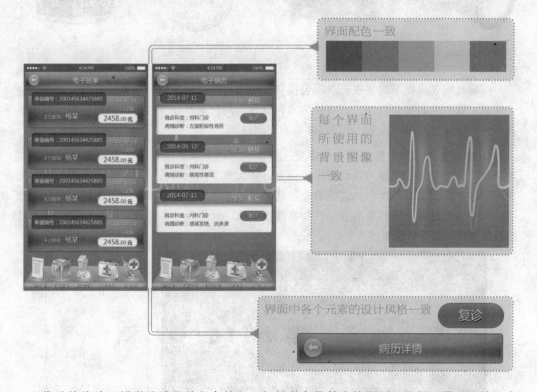

优秀的移动UI视觉设计虽然各有特色，但都遵守最基本的原则，即保证界面设计元素的一致性。通过对界面的结构、色彩、导航栏以及界面标准元素功能四个角度分析应如何进行设计，既可保证不同界面之间的一致性，又不会让用户因界面风格过于一致而产生视觉疲劳，并在此基础上提出了一个基本保证界面一致性的设计方法。

如果界面到处不一致，会迫使用户不断思考，因而分散了用户获取信息和操作的注意力，因此，设计人员应当力求使界面高度一致，从而最大限度地减少出错。

1.2.3 直观性原则

所谓直观性原则，就是指人们在看界面时，能很快地明白界面的主要内容，知道界面所传递的信息是什么，而不是在玩无用的创意，像捉迷藏似的，让用户一头雾水。视觉设计的目的就是为了更好地完成交互体验，让界面中的信息清晰、直观、明了。

如下图所示的相机和时间图标，它们都是截图实际生活中相机和闹钟具有代表性的部件来呈现的，这样的设计使用户更易于理解，避免造成错误。

选择相机的镜头作为图标的主要组成元素　　　选择闹钟的钟面作为图标的主要组成元素

遵循直观性原则看起来很简单，但很多设计人员在做设计的时候并没有很好地考虑这个问题，我们常说换位思考，直接换位将自己作为用户来对设计的界面进行观察，或者跟更多人一起探讨界面中的设计细节，才能发现问题。

UI视觉设计的直观性原则，也体现在界面信息的易读性上面。如果界面在设计编排上杂乱无章，用户会很难寻找到所需的信息，该大的字没大，该小的字没小，字的行间距也不对，字距太大行距太小，这些都会破坏界面的直观性和实用性。如下图所示的两个界面，一个信息过载导致界面的直观性和易读性下降，而另外一个将信息进行精简，并通过图表的方式让界面信息更加直观。

作品易读性主要表现在文字的行间距、信息区分、层次变化、编排的整洁性等，在设计中通常会提到认真的编排与清晰的画面有时也会是好设计，这种好就是指在信息传达上的易读性。

1.2.4 习惯性原则

移动UI视觉设计的习惯性原则，就是设计出来的界面要便于操作和使用，不论是功能的易用性，还是触摸手势的习惯性，这些都是包含在界面设计中的。

如右图所示的两个手机界面，由于手机屏幕过大的因素，导致用户单手操作的难度增大，将手机的键盘设计为可以独立调整位置，用户无论使用左手还是右手，都能很好地触碰到键盘上几乎所有按键，让界面的使用舒适度得以提升，这样人性化的界面设计才是遵循了习惯性原则的设计。

在设计某些APP的时候，为了便于用户对更多的选项和功能进行控制和调节，有的界面在特定的区域增加了隐藏的菜单栏，这些菜单栏的设计也是有讲究的。

如左图所示，将菜单栏设计在界面的两侧，用户单手操作时更加流畅和便捷，界面中的操作区域都在用户的掌控范围内。

人们总是希望移动设备的屏幕更大一些，是希望设备能够带来更好的视觉效果，而不是想要更大的掌控面积。所以说，用户需要的是一个常用按键或者滑动动作都在拇指控制范围的交互式界面，如右图所示，这也是移动UI视觉设计所要遵循的原则之一。

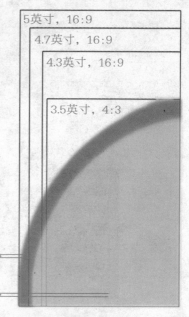

5英寸，16:9

4.7英寸，16:9

4.3英寸，16:9

3.5英寸，4:3

单手勉强够得到的区域

单手操控舒适区

1.3 设计是有规律可循的

随着APP数量日益增多，衍生出来的各种界面也是五彩斑斓。这些移动UI界面设计是否有规律可循，本节将从三种不同的角度与读者一起探讨移动UI视觉设计的方法。

1.3.1 情感化设计

情感是人对外界事物作用于自身时产生的一种生理反应，是由需要和期望决定的。当这种需求和期望得到满足时，会相应地产生愉快、喜爱的情感；反之则苦恼、厌恶。情感化设计其实是一种创意工具，可以表达和发挥设计师的思想和设计目的，随着时代的发展，这种创意工具将变得日益重要。

那么，使用怎样的方法才能实现情感化设计呢？本小节将通过具体的图解向读者展示情感化设计的方法和技巧。

```
                        情感化设计

   界面形态的情感化      界面特质的情感化       界面操作的情感化
```

| 形态一般是指形象、形式和形状，可以理解为界面外观的表情因素，也可以理解为界面的外观与视觉感官的结合，让外形打动用户的情感需求 | 真正的设计是能打动人的，能传递感情、勾起回忆，给人惊喜的界面设计，是生活的情感与记忆，能在界面和用户之间建立起情感的纽带，通过互动影响达成情感上的共鸣。 | 巧妙地使用布局、形象等，给用户留下深刻的印象，在情感上会越发喜欢这种构思巧妙的界面设计，让操作带来愉悦感，排解压力，以得到青睐 |

| 使用外形可爱，质感通透的界面元素制作手机游戏界面，更加符合用户玩耍、休闲的放松心情 | 使用磁带图像作为界面主要元素，可以让人们联想到与其相关的一系列电子产品，引起用户感情上的共鸣，从而产生相应的互动 | 将菜单设计在界面的左侧，当用户单手持移动设备时，左侧的菜单更便于左手操作 |

在UI视觉设计中，情感化设计是将情感因素融入界面元素中，使其具有人的情感，并通过造型、色彩、材质等各种设计元素，渗透出设计师所要表达的情感体验和心理感受，这种设计方式是移动UI视觉设计中较为常用的一种方式，也是不容易出现太大错误和偏差的一种方式。

电子产品持续发展到今天，之所以如此受人青睐，正是因为它在发展中不断激发人们的内在情感需求。有时候网络比现实更能满足用户心底的需要，这些UI界面可以使用户从一些现实的、外在的、各方面的压力中解脱出来，从而感觉轻松、自在、快乐，回归真正的自我。一个有爱，懂得热爱生活和感悟生活的人，才能创造出更好的体验，设计出"有情感"的产品。

1.3.2 差异化设计

立体化
多样化

扁平化
线性化

扁平化
极简色块

有句古话叫"知己知彼、百战不殆"，在当今主流的三大操作系统的市场竞争中仍然适用，通过对它们进行对比和分析，可以看到它们的界面设计风格存在明显的差异，如左图所示。这些差异带给品牌的最大价值就是赢得更大的市场竞争力。

差异化设计就是自身独具的，带有个性化闪光点的设计，要塑造出与众不同的界面印象，就需要在界面风格上独树一帜，但是在确定设计风格的时候，还要先了解对手，分析竞争对手的优势和劣势，利用差别化、个性化的设计思路，通过自己独特的方式树立自身的品牌形象。

在设计APP界面的过程中，差异化设计可以让界面在用户心中形成一套完整的印象，从而确立应用程序的形象和价值。

1.3.3 和谐化设计

和谐之美在移动UI视觉设计中的体现，就是通过界面的各种元素（颜色、字体、图形、空白等）的设计，达到和谐的视觉效果，即一个界面的设计像一个整体。

界面的视觉设计是一个全面而丰富的审美领域，以其独特的交互形式诠释着美的真谛，优秀的界面设计会对应用程序的操作、推广起到事半功倍的作用。交互的和谐是指使用的产品顺利达到预期的目标，作为"人造物"的产品总是以"用"为目的的，但是"有用"的产品并不意味着交互的和谐，还取决于界面设计中交互模式理念和模式类型的合理选择。

如下图所示是为手机主题设计的拨号界面，分别从界面的色彩和布局上进行分析可以发现，界面的配色符合大自然产物的规律，而布局符合力的平衡规律，这种和谐化的设计使得界面产生了一种和谐之美，更加容易被用户所接受。

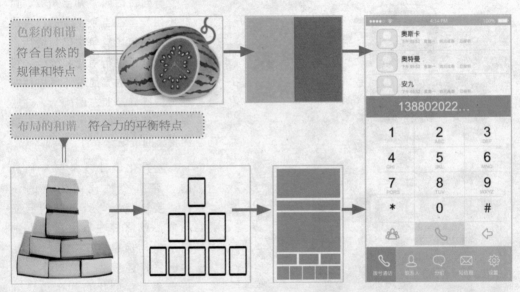

界面的视觉设计要表现出和谐之感，应当从三个不同的角度进行考虑，一是定位界面的应用层面，帮助界面产品对于用户的整体定位；二是界面结构，通过界面结构来解答如何在屏幕上安排信息和功能元素之类的问题；再者就是交互方法，通过如何的动态交互模式来帮助用户进行操作。

有的设计师滥用图形，不遵循和谐化的设计原则，往往造成画面混乱、图形歧义或指示不明，使用户不能正确了解和迅速掌握其操作，从而破坏了界面视觉设计的和谐性，影响了交互活动的积极互动。一个好的设计是要很好地为人服务的，面对这种单调的设计时，最好的方式就是选择能给人舒适感觉的颜色，它能瞬间改变用户的情绪。对于不同功能的界面可以使用不同的颜色设计，但是只要符合应用程序本身的特点和使用特征，达到用户的心理预期，就能提高体验的乐趣，让应用程序更易于操作。

如何构思与创意

在设计移动UI界面之前，设计者总是苦恼于设计无从下手，面对大量的设计信息，不能很好地把握住重点，本节将通过讲述三种不同的构思方式，让读者寻找到正确的设计思路，在创作的道路上走得更加平稳。

1.4.1 发散思维

发散思维又称辐射思维、放射思维、扩散思维，是指大脑在思维时呈现的一种扩散状态的思维模式，它表现为思维视野广阔，思维呈现多维发散状，如"一题多解"、"一事多写"、"一物多用"等方式。发散思维的认知方式是指个体在解决问题过程中常表现出发散思维的特征，表现为个人的思维沿着许多不同的方向扩展，使观念发散到各个有关方面，最终产生多种可能的答案，而不是唯一正确的答案，因而容易产生有创意的新颖观念，如下图所示。

想象是人脑进行创新活动的源泉，联想使源泉汇合，而发散思维就为这个源泉的流淌提供了广阔的通道。发散思维的主要功能就是为随后的收敛思维提供尽可能多的解题方案，这些方案不可能每一个都十分正确、有价值，但是在数量上有足够的保证。这种思维方式也是界面设计中最常用的方式之一。

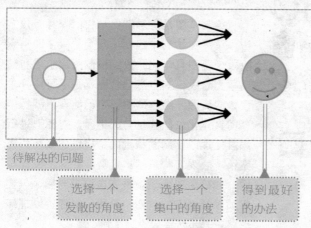

待解决的问题

选择一个发散的角度

选择一个集中的角度

得到最好的办法

在进行移动UI视觉设计之前，设计师通常会接到一个设计任务，这个任务就是设计中需要解决的问题。这个问题中有很多的关键词，首先截取其中一个，也就是选择一个发散的角度，然后从这个角度进行活跃的联想，最大限度地获取最多的信息，最后将这些信息进行提炼，通过提炼的信息设计出界面，具体步骤如左图所示。

1.4.2 将思考视觉化

在展开多角度构思移动UI视觉设计的同时，可以动手勾画大量或清晰或模糊的草图进行界面的构思与创意。草图是将构思转化为可视图形的简要手段，任何想法都可凭借草图做出视觉上的展现和判断。如右图所示为手绘的手机界面草图。

大多数设计师会通过画草图把想法快速地记录在纸上。草图能够非常直接地传达出一个设计或设计元素的视觉观念，可以用于设计进程中的许多方面，详细的草图也能作为打样的基础。

草图也许与构思阶段关系最为密切，在此期间，设计师可以迅速勾画出可行的设计方案，并随着思维的发展创建一种可视化的直观表示。就其性质而言，草图意味着视觉观念的快速表达，因此，无论何时，草图都是最快、最有效的表达方式。如左图所示为通过勾画草图、修饰草图，最后在计算机中制作图标的过程，可以看到精致的草图会为后期的制作带来更多便利。

绘制草图是将思考视觉化的一种有效方法，草图在绘制中包括了几个阶段，即意念阶段、草图具体化阶段、精制图稿阶段和数码草图阶段。其中意念阶段就是尽可能寻求设计的资源，绘制的图形自己能看懂就行；草图具体化阶段就是与人沟通，对图形进行深度处理；精制图稿阶段是提供定稿用的方案稿，表现与构思基本定型，并配上设计说明；数码草图阶段就是在电脑上绘图，只要保质保量地完成这四个阶段，就能逐渐理清思路，一步步完成设计工作。

1.4.3 ▶ 寻找切入点

在展开构思、勾画草图之前，设计师往往要先罗列一些重要的信息作为创意源，以此为起点靠站联想，从而引申出更多的创意点和设计突破口。移动UI视觉设计的创意出发点可以由设计的要求、主题或者素材展开。

在设计过程中，以设计的主题为切入点是最常用的一种方式，通过对设计的主要内容进行分析，并寻找其具有代表性的特点为突破口，用实际的图形或者事物来进行设计。如下图所示为音乐APP图标的设计过程。

| 要设计以歌曲播放为主要功能的界面，由此联想到音乐中的音符 | 从外形各异的各种音符中选择一个便于设计和创作的音符 | 绘制出音符图标的大致外形，并进行简单配色 | 对音乐图标中的各个元素进行修饰和美化，使其与构思中的形象一致 |

在寻找切入点的过程中，鉴于界面设计的特征，还会从界面的功能入手，对所要设计的界面功能进行分析，通过寻找与其相似的物件或者组织来描述这些功能，也能很好地完成设计。如下图所示为手机联系人界面的设计构思过程，可以看到该设计从界面功能入手，通过对联系人的信息进行剖析和理解，从"分组"这个点出发，寻找到"标签"这个关键词，最后的效果就是用标签的外形来设计的。

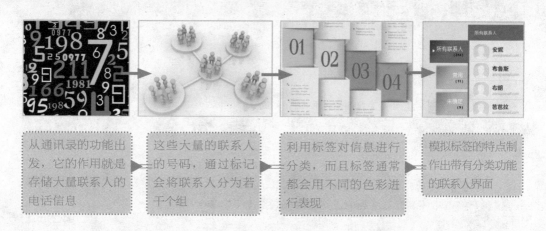

| 从通讯录的功能出发，它的作用就是存储大量联系人的电话信息 | 这些大量的联系人的号码，通过标记会将联系人分为若干个组 | 利用标签对信息进行分类，而且标签通常都会用不同的色彩进行表现 | 模拟标签的特点制作出带有分类功能的联系人界面 |

Photoshop软件基础

移动UI视觉设计是一项较为精细和繁琐的工作，需要对绘制的形状和要添加的素材进行一系列的整理、修饰、美化和组合，最终才能完成设计，本节将介绍关于Photoshop软件操作的一些基础功能。

1.5.1 绘图工具

在绘制移动UI界面中的单个元素时，要将脑海中构思的图形轮廓描绘出来，需要使用到Photoshop中的绘图工具，这些绘图工具可以通过路径的方式对UI元素的外观进行展示，还能为其填充上所需的填充色和描边色。在Photoshop中包括"矩形工具"、"椭圆工具"、"多边形工具"等七种不同的绘图工具。

矩形工具 ▣： 使用"矩形工具"可以绘制出规则的矩形路径，只需使用该工具在图像窗口中单击并拖曳即可

圆角矩形工具 ▣： 使用该工具可以绘制出带有平滑转角的矩形，并用"半径"选项对圆角的程度进行控制

椭圆工具 ▣： 使用该工具可以绘制出椭圆或者正圆形的路径，按住Shift键的同时单击并拖曳鼠标，可以绘制正圆形路径

多边形工具 ▣： 使用该工具通过对图形的边数和凹陷的程度进行设置，可以绘制出多条直线段组成的图形

直线工具 ╱： 使用该工具可以创建出各种粗细的直线或者带箭头的直线。使用该工具在图像窗口中单击后拖曳，即可控制线段的长度和方向，再次单击后即可完成绘制

自定形状工具 ✦： 使用该工具可以绘制出系统预设的简单形状路径，如心形、箭头等形状，在"形状"选项的隐藏面板中可以选择所需的样式进行绘制

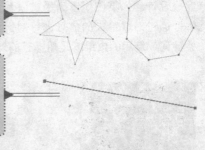

钢笔工具 ✎： 使用该工具可以绘制出任何形状的路径，通过调节锚点和控制杆对路径的走向进行控制，用于绘制最高精度的图像

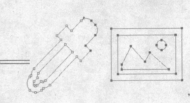

Photoshop中的所有绘图工具都有三种不同的绘制模式，分别为形状、路径和像素，这三种模式下绘制得到的对象外观没有差异，但是它们所存放的图层是不同的，可编辑的范围也是不同的。为了保留界面元素的可编辑性，一般情况下使用"形状"模式进行绘制，这种模式下绘制出来的形状会保存在一个特定的形状图层中，便于修改和编辑。

1.5.2 图层样式

在进行UI视觉设计的过程中，常常会为绘制的图形或添加的图像应用某种特殊的效果，使其更具质感和设计感。Photoshop中包含了十种不同的图层样式，可以对图层中对象的纹理、色彩、光泽等进行随意的改变，并同时保留图层中对象的原始属性。

图层样式可以通过"图层样式"对话框来创建或者设置，添加的图层样式会出现在图层的下方，双击样式名称，可以再次打开"图层样式"对话框，以便查看或编辑样式的设置，如下图所示。

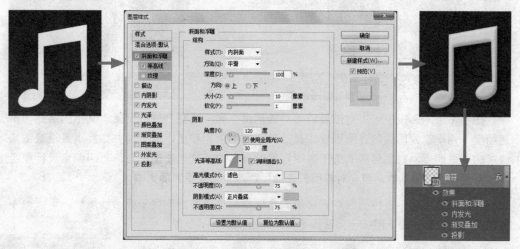

在"图层样式"对话框中可以编辑应用于图层的样式或创建新样式。在左侧窗格中勾选复选框可应用当前设置，而不会显示效果的选项。单击效果名称可显示效果选项，并能够对相应的选项进行设置。

可以为同一图层应用一个或者多个图层样式，"图层样式"对话框中各个不同样式的具体应用效果解释如下。

斜面和浮雕：对图层添加高光与阴影的各种组合。

描边：用颜色、渐变或图案在图层上描绘对象的轮廓。它对于硬边形状或者文字特别有用。

内阴影：紧靠图层内容的边缘内添加阴影，使图层具有凹陷效果。

外发光、内发光：添加从图层内容的外边缘或内边缘发光的效果。

光泽：用于创建光滑光泽的内部阴影。

颜色叠加、渐变叠加和图案叠加：使用颜色、渐变或图案填充图层内容。

投影：在图层内容的后面添加阴影。

如果图层中包含图层样式，"图层"面板中的图层名称右侧将显示"fx"图标
。要隐藏或显示图像中的所有图层样式，可以通过单击"效果"前面的眼睛图标来进行控制，具体如右图所示。

复制和粘贴样式是对多个图层应用相同效果的便捷方法。只需从"图层"面板中，选择包含要复制样式的图层，右击该图层，在弹出的快捷菜单中选择"拷贝图层样式"命令，接着从"图层"面板中选择目标图层，然后右击该图层，在弹出的快捷菜单中选择"粘贴图层样式"命令，粘贴的图层样式即可替换目标图层上的现有图层样式，如下图所示。

1.5.3 不透明度与填充

在"图层"面板中可以对图层的"不透明度"和"填充"进行设置，其中图层的"不透明度"用于设置图层的遮蔽程度或显示其下方图层的程度，而"填充"度则是设置图像像素的不透明度，对图层样式的不透明程度没有影响。这两项设置在移动UI视觉设计中经常被使用，它们的参数调整会对界面元素的呈现产生至关重要的影响。

在"不透明度"下拉列表中直接输入数值或拖曳"不透明度"弹出式滑块，可以对不透明度进行设置，如下图所示为设置不同"不透明度"的效果。

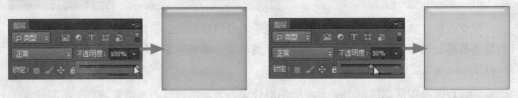

如果图层中包含使用了图层样式的图像或文本，则可以调整"填充"选项以便在不更改图层样式不透明度的情况下更改图像或文本自身的不透明度。如下图所示为设置不同"填充"选项的效果，可以看到为图层添加的图层样式，并不会根据"填充"选项的变化而变化。

Chapter

02

风格

五大要素构建界面基础印象

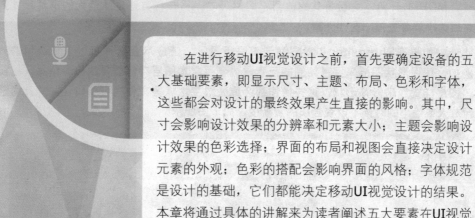

在进行移动UI视觉设计之前，首先要确定设备的五大基础要素，即显示尺寸、主题、布局、色彩和字体，这些都会对设计的最终效果产生直接的影响。其中，尺寸会影响设计效果的分辨率和元素大小；主题会影响设计效果的色彩选择；界面的布局和视图会直接决定设计元素的外观；色彩的搭配会影响界面的风格；字体规范是设计的基础，它们都能决定移动UI视觉设计的结果。本章将通过具体的讲解来为读者阐述五大要素在UI视觉设计中的重要性。

2.1 设备的尺寸

移动设备的外形多种多样，导致设备的尺寸大小不一，不同的设备显示大小会对界面的设计产生直接的影响，它会改变界面中各个元素的长宽比例，以及界面的整体布局，本节将介绍移动设备的尺寸。

2.1.1 设备的显示

移动设备的操作系统驱动了数百万计的手机、平板电脑和其他设备，囊括了各种不同的屏幕尺寸和比例。利用Android系统灵活的布局系统，可以创造出在各种设备上看起来都很优雅的应用，如右图所示为不同移动设备在屏幕尺寸上的差距与对比。

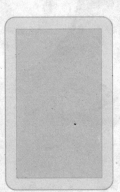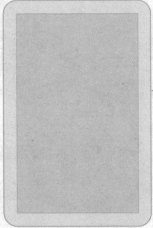

那么应当如何为多种不同尺寸的屏幕设计界面呢？一种方法是以一个基本的标准（中等尺寸，MDPI）开始，之后将其缩放到不同的尺寸；另一种方法是从最大的屏幕尺寸开始，之后为小屏幕去掉一些UI元素。

此外，如果在Photoshop中对界面元素进行设计，还应尽量选择可以重复编辑的对象。例如，使用形状图层来保存绘制的元素，或者用文本图层存储需要的界面信息，以及通过"图层样式"来修饰形状，这些操作都会最大限度地保留文件的可编辑性，并且能够在进行放大或缩小的时候不改变画质的清晰度，如下图所示。

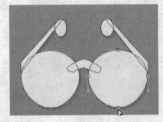

保存路径的形状图层，可以随时对形状进行调整

对于未栅格化的文字图层可以随时通过文字工具更改文本的内容

以子图层方式应用的图层样式，可以随时更改设置的参数

2.1.2 度量单位与留白

设备之间除了屏幕尺寸不同，屏幕的像素密度（英文缩写dpi）也不尽相同。为了简化为不同屏幕设计应用的复杂度，可以将不同的设备按照大小和像素密度分类。按设备大小可分为两个类别，分别是手持设备（小于600dpi）和平板电脑（大于等于600dpi）。为不同的设备优化应用界面，需要为不同的像素密度提供不同的位图。

不同的设备可显示的dpi数量也不相同，如右图所示。

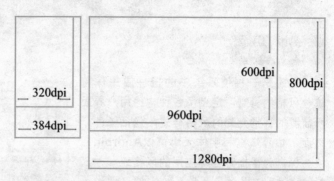

移动UI视觉设计，为了突显一定的层次感和韵律感，一般会在元素之间留有一定的间隙，也就是通常所说的"48dpi的设计韵律"，即界面元素之间的留白设计，可以避免由于界面元素之间距离过于密集而造成操作失误。

一般来说，可触摸控件以48dpi为基础单位。48dpi在设备上的物理大小是9mm，由于屏幕尺寸不同，有的可能会有些许变化，这刚好在触摸控件推荐的大小范围内，即7～10mm以内。这个大小用户用手指触摸起来会比较准确、容易，可以在信息密度和界面元素的可操控性之间得到较好的平衡，如下图所示。

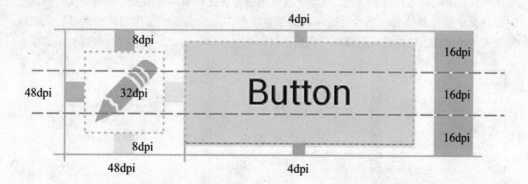

在界面设计的过程中，需要为相关的控件添加所需的文字，如果导航栏中的按钮之间没有足够间隔，按钮上的文字就会被挤到一块，这会让用户很难区分它们。遇到这种情况时，可以通过调整字间距的方式，在它们之间增加适当的间距。如果编辑的对象为图标、按钮等其他对象，则可以直接对其间距进行调整。

2.2 主题的设定

主题是快速让界面实现个性化效果的捷径，会对界面的色彩、屏幕保护程序、铃声等进行统一更改。根据主题的不同，用户不再只是面对一成不变的操作界面、图片和色彩，因此，主题是影响界面效果的主要因素之一。

2.2.1 系统主题

Android系统

主题是一种使系统中的控件应用保持统一风格的机制，定义了各种构建用户界面所需要的视觉元素的风格样式，包括颜色、高度、边界填充和字体大小。以Android系统为例，为了提升各种应用的风格统一性，Android系统提供了两种系统主题，即浅色主题和深色主题，如右图所示。将这些主题应用于所设计的界面，可使得应用更好地和Android设计语言融合起来。

IOS 7系统

在IOS 7系统中所能设置的主题相对来说更加丰富，只要是系统中规定的颜色，都可以将其作为主要的突出性色彩使用。IOS 7系统用色彩简化界面，使用主题色的主要目的就是突出界面中的重要信息，巧妙地暗示其交互性。例如，在选项栏使用与背景反差较大的颜色带来一种视觉上的冲击，具体如下图所示。

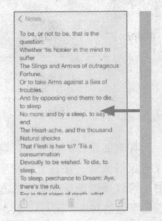

2.2.2 正确选择主题突显设计的特点

　　为设计的应用程序选择一款适合其功能和设计美学的系统主题是一个良好的开端。如果希望让应用程序看起来更加与众不同，不妨从某一款系统主题开始打造自己的设计风格。系统主题为实现个性化的视觉效果提供了坚实的基础。

　　当设计APP应用程序的时候，选择不同的主题会让设计的界面呈现出不同的视觉效果，如下图所示为使用两种不同主题的APP界面设计效果，可以看到白色主题的界面可以带给人一种轻松、清爽的感觉，那是因为使用浅色主题使得界面效果更加亮丽；黑色主题的界面表现出一种稳重、成熟的感觉，为深色主题。由此可见，正确选择主题对界面设计效果的影响很大。

浅色主题让天气APP界面呈现清新、自然的视觉效果，与其所要传递的思想感情一致

深色主题让APP的登录界面显得稳重、严肃，同时充分体现了其质感，使得设计思想与界面色彩表现一致

对于相同的界面设计，如果选择不同的主题色彩进行创作，所呈现出来的视觉效果也是不同的。如左图所示，使用两种截然不同的主题来修饰界面，它们所表现出来的情感，以及所传递的思想都是不同的。因此，在设计移动设备的界面之前，选择适当的主题来进行创作，是设计的首要工作内容之一。

界面布局

> 移动设备由于屏幕尺寸的限制，可显示的内容比电脑屏幕少得多。需要对信息进行有效的管理，利用合理布局把信息展示给用户，使信息变得井然有序，让用户可以很容易地找到自己想要的信息，使产品的交互效率和信息的传递效率都得到提升。

2.3.1 应用结构

通常情况下，在移动UI视觉设计中，都会遇到一些较为常见的界面应用结构，它们主要由顶层视图、详细信息或编辑视图组成。如果出现深度且复杂的层级结构，可以使用分类目录视图连接顶层和详细信息，具体如下图所示。

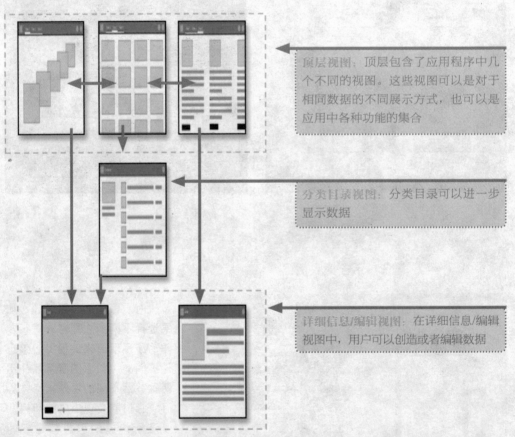

不同的应用对于界面结构的需求是不同的。对于应用程序主页的设计需要仔细推敲，当用户第一次启动应用程序时，将会看到这个界面，所以应当考虑到新用户和老用户的使用体验。

许多应用程序主要是用来展示信息的，那么，不要使用只有分类导航的界面，而是直接将内容展示在主页上，让用户可以立即看到应用的核心，但是这种方式要考虑屏幕尺寸。

顶层屏幕用于向用户展示应用的主要功能，所以有时顶层屏幕会包含多个不同的视图，必须确保用户可以轻松地在多个视图之间切换。不论是Android系统，还是IOS 7系统，都提供了多种视图控件用于辅助完成设计。

利用固定标签可以同时显示多个顶层视图，并且能够提供很方便的切换。固定标签上的条目在屏幕上总是可见的，滚动标签上的条目则可能被滑出屏幕。如下图所示分别为Android系统和IOS 7系统中标签的标准设计效果。

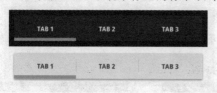 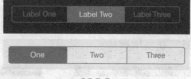

Android   IOS 7

2.3.2 多视图布局

无论是为Android系统设计应用程序，还是为IOS 7系统设计应用程序，都要注意设计的界面能够保证各种屏幕尺寸的设备都能够运行，确保设计的应用程序可以在各种设备上始终能够提供平衡且美观的布局。当屏幕上有很多横向空间时，可以将多个"面板"组合成一个复合视图，而在小屏幕上则可以将它们分割成多个视图。

在小型设备上，应用的内容可以分为一个主要列表和详细信息视图。触摸列表中的项目，将切换到对应的详细信息视图，如右图所示。这样的多视图布局可以让用户快速预览到更多信息，并且能够有目的地选择所感兴趣的内容进行深入阅读。

在移动UI视觉设计中，如果一个界面中的同类型信息较多，可以寻找各种可能，将应用的视图组合成多视图布局，以便为用户提供更多的信息选择。

由于平板电脑比手机拥有更大的屏幕，在设计中可以通过布局将项目列表和详细信息放在一个单独的复合视图中。这样可以更加充分地利用屏幕空间，并且使应用中的导航更加容易。通常情况下，屏幕左边显示列表，右边显示列表中被选中项目的详细信息，同时保持左边列表中选项的被选中状态，使得面板间的关系更加明确。

2.3.3 滚动视图

　　快捷的导航是良好设计的应用的基础。鉴于移动设备的尺寸比例，一般情况下，应用的逻辑层次设计是垂直的。横向导航可以扁平化（扁平化，就是放弃装饰效果，诸如阴影、透视、纹理、渐变、等能做出3D效果的元素，扁平化设计使得界面干净、整齐、简洁。）应用的逻辑层次，并且使得导航更加容易。滚动视图使得用户可以通过简单的手势在条目的详细信息间切换，使得读取信息更加顺畅。

　　以Android系统为例，在详细信息视图中，可以滑动切换一些信息，通过滚动的宽幅画卷的方式显示所要预览的信息。

　　通过滑动手势，在Email应用程序中可以连续浏览不同邮件。如果邮件内容超出了视图范围，用户的滑动手势应当先被理解为浏览内容的其他部分；当内容已经达到边界时继续滑动，则会显示下一封邮件，具体操作如上图所示。

　　如果在设计界面的过程中，一个界面所要表达的信息超出了设备的显示范围，那么滚动视图是最好的布局方式；如果应用程序的设计中选用了操作栏标签，那么应当可以通过滑动切换标签，这样设计出来的效果才会更合理。但是，在设计中应当考虑在详细信息视图中添加一些指示，告诉用户当前条目处于整个列表的什么位置，便于用户知道当下的信息路径。

建议　　通常来说，一个界面只显示一个滚动视图，人们常常会做出大幅度的轻扫手势，很可能会误点在同一界面中的相邻视图。如果确定要在同一界面中放置两个滚动视图，可以考虑让它们以不同方向滚动，这样，同一个手势才不太可能让两个视图同时滚动。

2.3.4 合理布局促进记忆且强调个性

　　合理布局就是让界面中的各种元素能够协调、美观地组合在一起，同时将界面中所要突出的控件和信息表现出来，为用户起到良好的引导作用。

　　在设计APP界面的过程中，对于不同的信息会有不同的布局，而不同的布局也会对信息阅读的重点产生很大的影响，接下来通过多种不同的布局方式来探讨每种布局的特点，具体如下。

从界面中心位置上端到下端进行导向阅读

将视觉的重点保持在界面大部分面积中

如左图所示，从上到下的视觉导向通常也称为竖向视觉导向，指界面的元素以直式中轴线为基线进行编排，引导用户的视线在中轴线上做上下移动，有利于逻辑性和时间顺序的表达，同时让界面更加平衡。

从界面的左侧位置由上到下进行导向阅读

将视觉的重点放在界面的左侧位置上

在某些界面的设计中，由于界面信息的限制，会让信息集中在画面的左侧或是右侧，这样的方式是最符合人们阅读习惯的，在设计中通常会利用色彩和信息的位置来将界面分为两个部分，进行有条理的信息显示。

界面的中心区域位置的信息为兴趣点

视觉的集中点放在界面中央的小面积位置

如左图所示，中心布局是移动设备界面设计中常用的界面布局方式之一，如登录界面、欢迎界面、加载界面等，都会使用中心布局方式进行编排，这样的布局只适合界面信息较为集中且信息量较少的时候使用，它会让用户的视线集中到画面中的一个点上。

2.4 字体的规范

在设计移动UI界面的时候，总是会遵循不同操作系统的一套设计规范，尤其是在字体的设计方面，规范更为严格。字体也是影响界面印象的一个重要的因素，本节将对字体的一些设计规范进行讲解。

2.4.1 字体的规定类型

Android系统

Android系统的设计语言继承了许多传统的排版设计概念，如比例、留白、韵律和网格对齐。这些概念的成功运用，使得用户能够快速理解屏幕上的信息。为了更好地支持这一设计语言，Android 4.0系统引入了全新的Roboto字体家族，它专为界面渲染和高分辨率屏幕而设计，如下左图所示。

当前的Text View控件默认支持极细、细、普通、粗等不同的字重，每种字重都有对应的斜体，如下右图所示。另有Roboto Condensed这一变体可供选择，同样，它也具有不同的字重和对应的斜体。

Roboto
SUNGLASSES
Self-driving robot ice cream truck
Fudgesicles only 25¢
ICE CREAM
Marshmallows & almonds
#9876543210
Music around the block
Summer heat rising up from the sidewalk

Roboto Thin
Roboto Light
Roboto Regular
Roboto Medium
Roboto Bold
Roboto Black
Roboto Condensed Light
Roboto Condensed
Roboto Condensed Bold

Droid Sans Fallback
安卓APP标准中文字体

壹贰叁肆伍陆柒捌玖拾
ABCDEFGHIJKLMNOPQRSTUVWXYZ1234567890

IOS 7系统

IOS 7系统中的中文字体是Heiti SC（中文名称叫黑体-简）是一种全新的字型，与黑体-繁同以华文黑体为基础开发，虽与华文黑体为两套字型，但差异微小，仅排列上有差距，笔画的差距也十分微小；英文字体是helvetica neue LT，是一种广泛使用的西文无衬线字体，IOS 7系统的应用中增加了更多不同的粗细与宽度的选择，被用作IOS 7系统的默认英文字体。如右图所示分别为设置界面英文和中文字体的显示效果。

通常，APP界面中只使用一种字体，不同的字体混搭会破坏界面的一致性。使用一种字体和仅仅几个样式和大小，会提高界面设计的统一性和一致性，同时可以缩短用户的思考时间，更加便于理解，如右图所示。

2.4.2 **默认的文字颜色**

不论是Android系统、IOS系统，还是Windows 8 Phone系统，不同的主题下，界面中的文字颜色都会显示出不同的色彩，但是，最终的目的都是最大限度地提高文字的辨识度，避免由于色彩、明度之间太过接近而无法看清的情况。如下图所示分别为Android系统和IOS 7系统的深色和浅色主题中文字的色彩显示效果。

2.4.3 **字体的缩放**

Android系统

字体的缩放为不同控件引入字体大小上的反差，有助于营造有序、易懂的排版效果，但在同一个界面中使用过多不同的字体大小则会造成混乱。Android设计框架使用有限的几种字体大小，用户可以在"设置"界面中调整整个系统的字体大小。为了支持这些辅助特性，字体的像素应当设计成与大小无关，称为sp，排版的时候也应当考虑到这些设置。如下图所示为Android系统中不同大小字体的显示效果。

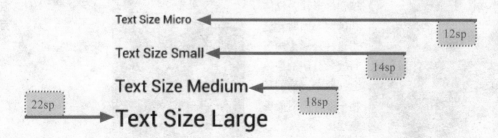

在IOS 7系统中对字体最为首要的要求是文字必须清晰易读。如果用户根本看不清APP中的文字，那么字体设计得再漂亮也是徒劳。在IOS 7系统的APP中使用动态字体，即Dynamic Type，可以自动调整每一种字体大小的字间距和行高，为不同语义的文本块指定不同的文本样式，如正文、脚注或大标题；并且会适当响应用户对文字大小的设置更改。如下图所示为不同字体大小的显示效果。

对用户来说，不是所有内容都同等重要。当用户选择一个更大的文字大小时，他们想让他们所在意的内容易于阅读，一般并不希望页面中的每一个字都变大。因此，我们在设计界面的过程中要注意把握好字体大小的调整，让重点的信息能够突出呈现。

2.4.4 文字的个性来自反复推敲的过程

在设计UI界面的过程中，一个APP所能呈现出来的效果是否精致，文字的表现占有很大的因素。视觉传达设计的基本元素可以归纳为文字、图形、色彩与图文编排等几个部分，文字是其中最重要的环节，作为界面信息传递的重要一员，设计师应当给予其更多的关注，花更多的时间在文字的字体设计上，让文字与界面的设计风格相互协调。界面中的文字需要进行反复的推敲，进行最佳编排，才能设计和制作出脱颖而出的作品。

如左图所示，由于界面设计中的按钮外形较为立体和硬朗，因此，选用这种外形为矩形且棱角分明的字体会让整个界面的风格一致，同时能够表现出个性感。

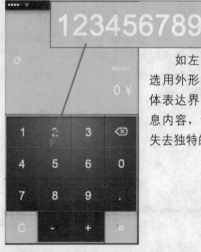

如左图所示，选用外形圆润的字体表达界面中的信息内容，会让界面失去独特的个性。

2.5 色彩的选择

色彩有助于暗示交互性、传达活力，并提供视觉上的一致性，在进行移动UI视觉设计之前，色彩的定义和规范是一项非常重要的工作，它决定整个界面所呈现出来的视觉效果，并能辅助地传递出设计者的思想。

2.5.1 系统规定的色彩

Android系统

不论是Android系统、IOS系统，还是Windows 8 Phone系统，在对它们的系统界面进行创作时，都对其中的色彩运用有一定的规定，不同的系统所规定的色彩是不相同的。如下图所示为Android系统中的色彩运用规范。

#33B5E5	#AA66CC	#99CC00	#FFBB33	#FF4444
#0099CC	#9933CC	#669900	#FF8800	#CC0000

Android系统中强调使用不同颜色是为了突出重要的信息，设计中选择适合作品的颜色，并且提供不错的视觉对比效果。但是值得一提的是，需要特别注意红色和绿色对于色弱的人士可能无法分辨，如下图所示为不同色彩在按钮设计中的表现效果。

Focused	Focused	Focused

Focused	Focused

蓝色是Android系统调色板中的标准颜色，为了让界面的颜色更加丰富，并且表现出界面元素之间的对比和层次，系统又专门为每一种颜色设定了相应的深色版本以供使用，如下图所示。

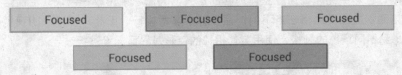

建议

一种发现需要更高对比度的区域的方式是降低UI作品的饱和度，以灰度模式查看其显示效果。如果在交互和非交互元素或灰度版本的背景之间很难发现区别，那就可能需要增加这些元素之间的对比，也就是提高设计元素之间的色彩差异。

IOS 7系统

与Android 系统不同的是，IOS 7系统内置的APP使用了一系列纯粹、干净的色彩，无论是单独还是整体看起来都非常棒，相较于Android 系统中的色彩更鲜艳，纯度更高，具体如下图所示。

#66CCFF	#FFCC00	#FF9900	#FF3366
#0066FF	#33CC66	#FF3333	#969696

IOS 7系统的色彩中主要包括紫色/粉红、绿色、橙色、红色、紫罗兰、蓝色、淡蓝色以及黄色。绿色代表消息或电话应用；蓝色则与App Store以及天气相关；黑色与实践、股票等对应；紫红色则是音乐应用；而橙色则与音乐、计算器应用有关。从如左图所示的IOS 7系统的图标中可以得出这样的结论，运用纯度较高的色彩，可以使图标效果更加醒目。

IOS 7系统色彩对比鲜明，多为纯色，创作出来的界面效果更为简洁、舒服，视觉效果更加清晰，色彩更纯净。通过主体内容的扩大，大面积采用单一色块营造简洁明快的感觉，而简洁明快的设计风格在当下的产品设计中非常盛行。因此，在移动UI视觉设计过程中，要考虑到不同系统的风格，使用与其相关的色彩对界面元素进行表现。

2.5.2　UI视觉设计中色彩使用的原则

设计的基础都是"以人为本"，也就是以人的感受为根本进行创作的，一个好的设计是要能更好地为人来服务的，所以设计中所选择的颜色首先应该是使人感觉舒服。由于色彩具有丰富的情感，不同的色彩会给人不同的感觉，也会对人的心理起到不同的作用。

在UI视觉设计中，色彩拥有其相应的运用原则，首先是符合主题或者APP本身的特点和使用特征，其次是符合使用者的心理预期以及统一的视觉风格。

1 符合主题或者APP本身的特点和使用特征 ▶

不同的APP或者主题具有不同的特点，会在不同的场合使用，具有不同的使用特征。例如，在比较庄重、正式的场合中，应该选择比较冷静的颜色，如深蓝色、咖啡色、深红色等；如果在幼儿园使用，选择的颜色就可以活泼一些，如大红色、草绿色、红黄蓝等多种色彩组合等。

如下图所示为符合圣诞节节日主题特色设计的浏览器界面，可以看到界面中的色彩搭配基本都选择了圣诞树、圣诞帽、铃铛等相关物品的色彩，让圣诞节的氛围潜移默化地感染整个界面。

② 符合使用者的心理预期 ▶

色彩与人的性格是息息相关的，在设计界面之前就应该了解用户大致是什么性格类型的人，找出他们之间的共性。通常情况下，有较高的知识修养，善于与人沟通的人喜欢黄色；注重传统，稳定的人喜欢棕色；环保观念极强，喜欢和平气氛的人喜欢绿色等。当了解了这些之后，在确定主色调的时候就可以非常轻松明确了。如右图所示为制作符合时尚都市这类人群的播放器界面，可以看到界面中的色彩与用户的着装及配饰风格一致。

摩登女郎　　　　时尚风格的播放器

③ 统一的视觉风格 ▶

过多的色彩容易使人产生眼花缭乱的感觉，因为不同色彩有不同波长，会直接或间接地影响人的情绪、精神和心理活动。也就是说，不同的颜色对人们生理上的刺激是不同的，而当这些感觉一起涌来的时候，只会让人感觉到不舒服，所以，移动UI视觉设计的色调应该是统一、协调的。但是统一并不代表只用一种色彩，可以通过调整明度、饱和度，或者小面积使用对比色的方法丰富画面效果，如下图所示。

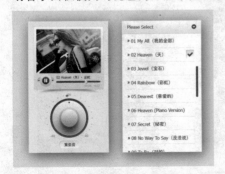 

点缀及对比的作用，突出界面中主要的功能或对象

大面积的灰度色彩占据界面的大部分，形成协调、统一的视觉风格

2.5.3 根据设计需要选择色彩

　　色彩在移动UI视觉设计中具有举足轻重的作用，相同元素构成的界面，由于色彩的色相、纯度和明度不同，给人的感觉可能会有天壤之别。由于受众生活习惯、宗教信仰等因素的影响，不同的界面颜色给人的直觉刺激和引发的心理反应也不同。

　　当界面中所涉及的基础元素及外形确定之后，设计就会进入色彩搭配的阶段，需要尝试不同的色彩搭配，将这些不同配色的界面放在一起进行比较，再根据设计的需要及受众的不同等因素决定界面的色彩方案。

　　如下图所示为相同下拉列表设计搭配不同的色彩方案，可以看到这些色彩方案所表现出来的效果有明显的差别，并且所传递的情感差异也很大。

 冷酷与时尚  知性与温和  积极与欢乐 典雅与风尚

 稳重与成熟  热烈与激情  敬畏与智慧  平静与舒缓

　　除了考虑界面元素本身的色彩搭配以外，还要对界面的背景色彩进行推敲，因为色彩丰富的元素在使用中不可能只放在白色的背景中，必须在适当的背景下才能更好地突显它的特点。如下图所示，不同界面背景下所呈现出来的下拉列表设计效果明显不同，为了全面地对整个UI设计进行创作，设计中对色彩的不断推敲和尝试是非常重要且必要的过程。

 真诚稳重的印象  儒雅智慧的印象  阳光绚丽的印象

Chapter

03

惊喜

揭秘十大界面元素设计的演变过程

　　想要设计出界面精美、功能分区清晰的APP界面，需要对界面中的每一个设计元素进行深入的了解，进而在不违反设计规范和原则的情况下，创作出令人惊喜的设计效果，因此，界面元素的基础设计和规范的掌握就显得非常有必要了。本章将对移动UI界面的十大界面元素的设计规范和创作演变进行深度剖析，讲述中以Android系统为主，IOS 7系统为辅，让读者深刻体会到从无到有，从有到精的创作过程。

3.1 图标

在APP应用程序逐步占领移动设备主导地位的背景下，触屏式界面设计取代了繁琐的按键设计，图形化界面已成为触屏界面的主要特征。图标，不仅是界面最重要的信息传播载体，更是界面设计中最主要的方面。

3.1.1 设计指南概述

Android系统

图标是具有明确指代含义的计算机图形，它不仅是一种图形，更是一种标识。在为应用程序设计图标时，设备屏幕尺寸的不同带来了不同的像素密度，为了应对这一问题，需要提供不同尺寸的图标。由于所有图标都需要适配不同的像素密度，所以引入dpi这一单位，它以中等尺寸（MDPI）的屏幕为基准，提供了与像素密度无关的表示方案，如下图所示。

1×	1.5×	2×	3×	4×

MDPI	HDPI	XHDPI	XXHDPI	XXXHDPI
160DPI	240DPI	320DPI	480DPI	640DPI

Android系统中的图标分为启动图标、操作栏图标、小图标、上下文图标和通知栏图标，接下来就分别对这些不同的图标类型进行讲解。

1 启动图标 ▶

启动图标在主屏幕和所有应用中代表APP应用程序，因为用户可以设置"主屏幕"的壁纸，所以要确保启动图标在任何背景上都清晰可见。

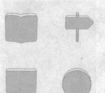

48

大小和缩放

移动设备上的启动图标大小必须是48×48dpi。在Play商店中显示的启动图标大小必须是512×512像素

比例

启动图标的整体大小是48×48dpi，比例就是1：1，也就是说宽度和高度相等

样式

使用一个独特的剪影样式，三维的正面视图看起来稍微有点从上往下的透视效果，能使用户看到一些景深

❷ 操作栏图标 ▶

操作栏图标是一个图像按钮，用来表示用户在应用程序中可以执行的重要操作，每一个图标都使用一个简单的隐喻代表将要执行的操作，用户可以一目了然。

Android系统内置的图标应当用来表示一些确定的通用操作，如"刷新"和"分享"。如下图所示为使用"缩放"图标为例进行分析的内容，操作栏图标也可以缩放到多种屏幕分辨率，并且适合于浅色和深色的主题。

大小和缩放

手机操作栏图标的标准大小应当是32×32dpi

焦点区域和比例

整体大小是32×32dpi，图形区域24×24dpi

样式

象形、平面，不要有太多细节，圆滑的弧线或者尖锐的形状。如果图形太窄，则向左或向右旋转45°来填满图形区域，最细的笔画不应小于2dpi

颜色

浅色主题：颜色#333333，可用60%的透明度；禁用30%的透明度

深色主题：颜色#FFFFFF，可用80%的透明度；禁用30%的透明度

3.1.2 小图标和上下文图标

Android系统应用程序界面的主体区域中还可以使用小图标表示操作或者特定的状态，例如Gmail应用程序，每条信息都有一个星型图标用来标记为"重要"，如下图所示。

大小和缩放

小图标大小应当是16×16dpi

焦点区域和比例

整体大小16×16dpi，图形区域12×12dpi

样式

中性、平面、简单，最好使用填充图标，而不是细线条勾勒，可使用简单的视觉效果让用户更容易理解图标的含义

颜色

如果图标是可操作的，使用和背景色形成对比的颜色，如右图所示。

IOS 7系统

苹果IOS 7系统设计颠覆了以往的拟真设计而转向"扁平化"，由于系统的图标通常尺寸都很小，因此图标设计的关键就在于简单勾勒出应用的整体概念。此外，图标的隐喻性也要很强。

最新的IOS 7系统以明亮的边界、清晰的线条、大胆的色彩而著称，明亮的色彩能带来一种活力感和趣味性，柔和、细腻的色彩却无法做到这一点。如左图所示为IOS 7系统中应用图标的设计效果。

在IOS系统中，图标可能会呈现多种状态，每种状态下的图标大小都是不同的，具体如下表所示。

描　　述	iPhone 5、iPhone touch的尺寸（高分辨率）	iPad的尺寸（高分辨率）	iPad 2、iPad mini的尺寸（标准分辨率）
应用图标	120 × 120	152 × 152	76 × 76
App Store 中的应用图标	1024 × 1024	1024 × 1024	1024 × 1024
Spotlight 搜索结果图标	80 × 80	80 × 80	40 × 40
设置图标	58 × 58	58 × 58	29 × 29
导航栏图标	大约 44 × 44	大约 44 × 44	大约 22 × 22
工具栏图标	大约 50 × 50（最大：96 × 64）	大约 50 × 50（最大：96 × 64）	大约 50 × 50（最大：96 × 64）
Web Clip 图标	120 × 120	152 × 152	76 × 76

开始IOS 7系统图标设计时，使用当下流行的IOS 7栅格线功能进行分块设计，构建界面中图标的整体感。采用栅格线方式进行设计的图标越多，在界面中就能更好地彼此匹配，界面中图标的整体感就越强，如下图所示为IOS 7系统中使用栅格线设计图标的过程示意。

Chapter 03
惊喜——揭秘十大界面元素设计的演变过程

IOS系统中图标的边角均为圆角，不同尺寸的图标圆弧的弯曲程度是有严格规定的。如右图所示分别为不同IOS系统移动设备中图标圆弧的设置规范。

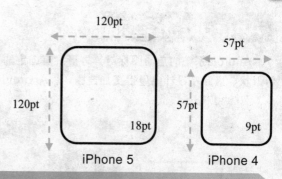

120pt

120pt

18pt

iPhone 5

57pt

57pt

9pt

iPhone 4

3.1.3 创意演变大揭秘

IOS 7系统中的图标

以IOS 7系统中的天气图标为例，对其进行新的创作和设计，具体如下所述。

IOS 7系统中默认的天气图标样式，其外形为扁平化的设计效果，图标的背景为不同程度的蓝色线性渐变，而太阳和云朵图形使用了半透明的方式进行表现如左图所示

在设计的初期阶段，可以只对图标的颜色进行更改，值得注意的是，配色一定要简单且对比性强，也可以删减图标中的部分信息，对图标进行简化，但是简化一定要适当，要保证能完整表达图标的含义，如左图所示

对图标的色彩和外形进行简化后，接下来开始做设计的"加法"，就是为图标添加一些修饰图形。鉴于扁平化的设计理念，这里添加的图形均以单色形状为主，让天气图标的表现效果更加丰富，如左图所示

最后就是创新的阶段了，在这个阶段中可以充分发挥想象力，为图标添加当下最流行的长阴影效果，或者将图标制作成纸张对折的痕迹效果，这些创意都来源于平时在生活和设计中的积累，这样一步步地进行设计，最后会呈现出别具设计感的图标，如左图所示

37

Android系统的图标

　　Android系统的启动图标对其外形没有固定的要求，可以是圆角矩形，也可以是其他任何形状，因此在设计上显得更加自由。以Android系统中的相机图标作为设计的蓝本进行创作，具体如下。

如左图所示，Android系统中默认的相机图标外边缘有淡淡的阴影效果，整个图标的外形就是相机这种实物的拟真外形，制作的效果与真实相机相似

以默认的相机图标为设计的主要内容，通过添加层次、样式等方式，让相机的外形更加逼真，外观更加细腻，细节更为丰富。如左图所示为设计的黑色调和浅色调的相机图标效果

在这个阶段中可以做"减法"设计，也就是截取相机最具代表性的镜头部位进行更加细致的创作，将镜头作为图标的主要内容，添加更多的细节来表现图标。如左图所示为经过"减法"设计的黑色调和浅色调的相机镜头图标效果

Android系统中的启动图标外形多样化，进一步做设计的"减法"，只保留相机镜头，将多余的相机的机身部分去掉，让图标的外观呈现正圆形的效果。如上图所示为设计的不同的镜头图标，虽然只保留相机的镜头，但仍然可以辨识出该图标的作用

除了进一步做设计的"减法"，改变图标的材质也是设计中常用的一种手段，如上图所示为使用皮革和金属材质的设计效果

3.2 按钮

按钮在移动设备的界面中可以说是一个最为常见的控件，它降低了用户识别上的负担，并且具备多种状态，能够传达更具体的信息。几乎所有界面上都会出现按钮，而且按钮的外形和质感也是千变万化的。

3.2.1 设计指南概述

不论是Android系统、IOS系统，还是Windows 8 Phone系统，它们的界面中都不可避免地会出现按钮。一般情况下，按钮没有被按下并依然在等待用户触碰时的外观为"默认"或"正常"状态；当手指或手写笔悬浮停靠在按钮上时的按钮外观为"触碰"或"等待"状态。设计师经常会为"触碰"或"等待"状态设计一些高亮效果，这样看起来按钮的外观更具诱惑力。对于"按下"状态的按钮外观，设计师们经常会通过制造一种仿佛真正按下了按钮的假象来创造触觉反馈效果。除了上述按钮状态以外，还有"禁用"状态，表示该按钮不可操作，此时的按钮会显得很灰暗。如下图所示为Android系统中的按钮效果。

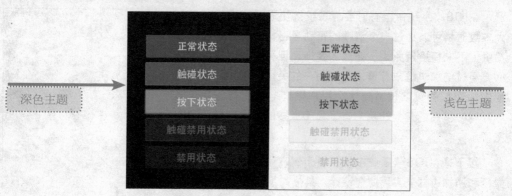

按钮可以包含文本和图片，并且明确表明了当用户触碰时会触发的操作。仅包含图标的按钮，会通过明确的图片，使得按钮更易于理解。如果操作难以通过图片表示，或者该操作很重要，不能有任何歧义，仅包含文本的按钮是不错的选择。合适的图标和文本可以相得益彰，使得按钮的表意更加明晰，某些时候还可将图标和文字组合起来对按钮的功能进行呈现。如下图所示为不同按钮的标准设计效果。

在进行图标按钮的设计中，对于仅包含图标的按钮，不需要使用背景色。如果其他类型的按钮一定要选择带有背景色的按钮，设计前要仔细斟酌。这种按钮看起来比较沉重，一个屏幕上最好就放一到两个，比较适合呈现用户一定要使用的操作，如注册；或者非常重要的操作，如接受/拒绝；再者就是对用户有很大影响的操作，如清除所有数据、立即购买等。

如右图所示为界面中的按钮添加上背景颜色后的设计效果，可以看到界面中需要重点表达的区域得到突出，并且整个界面的色调也更为统一。

3.2.2 创意演变大揭秘

IOS 7系统中的按钮

在IOS 7系统中，有时会为系统按钮添加边框或背景。大多数时候可以通过一个清晰的行动号召标题、指定色调和提供上下文情境避免为按钮增加装饰，但在某些内容区域有必要通过增加边框或背景来吸引用户的关注。例如，拨号界面中加边框的数字按键强化了用户拨打电话的行为意识，"呼叫"按钮的背景让用户有了易于点按的更大区域，如右图所示。

接下来以IOS 7系统中的按钮为例，通过改变形状、背景色和添加边框来实现演变设计，具体如下。

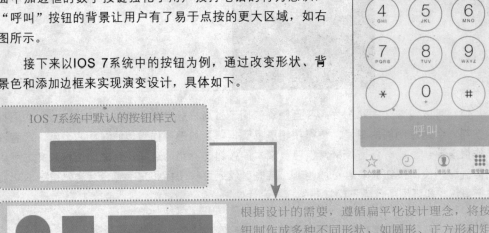

IOS 7系统中默认的按钮样式

根据设计的需要，遵循扁平化设计理念，将按钮制作成多种不同形状，如圆形、正方形和矩形，并不局限于圆角矩形，如左图所示

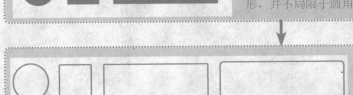

通过描边的方式改变按钮的外观，使其表现出更线性化的一面，如左图所示

Android系统中的按钮

Android系统中的按钮本身带有一定的特效，呈现出较为细腻的质感。相较于IOS 7系统中的按钮，Android系统中的按钮设计可以发挥的空间更大。接下来就通过改变色彩、形状以及添加多种修饰图形的方式来对按钮的设计过程进行讲解。

Android系统中默认的按钮样式包括三种，可以让按钮质感更细腻，如右图所示

根据Android系统中的标准配色，除了使用蓝色作为按钮的主要色调以外，还可以根据实际界面的颜色对按钮的色彩进行选配，将按钮调整为多种不同的颜色，让按钮的表现效果更加多姿多彩

在改变按钮颜色的过程中并未对按钮的样式进行更改，所以改变颜色后按钮的质感与前面蓝色按钮的质感相同，如左图所示

为了让按钮能够满足多种不同设计需要，如页码按钮、播放按钮、登录按钮等，会让按钮去迎合界面的设计风格，将按钮制作成多种不同的形状。通常情况下，按钮的形状为圆角矩形、圆形和直角矩形等，如下图所示

想要按钮表现出与众不同的感觉，或者表现出与界面材质相符的质感，就需要为按钮添加多种特效，或者通过绘制高光、阴影、层次、修饰形状等让按钮的表现形式更加丰富，如下图所示为对不同外形的按钮进行修饰和编辑后的效果，可以看到这些按钮所表现出来的效果更加精致，呈现出了超强的质感和视觉冲击力

拟真按钮外形　　　金黄色的金属质感按钮　　　磨砂质感按钮

3.3 滑块

滑块关系到用户在调节和控制应用程序中的舒适性，它由固定的元素组成，想要设计出既有设计感，又具有整体协调性的滑块，就需要掌握制作滑块的基础要领。本节将通过系统指定的设计指南来规范设计，进而制作出效果丰富的作品。

3.3.1 设计指南概述

滑块是一组视觉元素，包括滑动块、两个端点以及与滑动块等宽的细小矩形，它们被封在端点之间。滚动条是滑块的一个变体，位于一个元素的右侧或底部，用于对超出元素矩形框的内容进行水平或垂直滚动显示，因此滚动条在滑块中的外观是受到滑动块的影响的。

Android系统

在Android系统中，通过调整滑块位置，可以在一段范围或几个特定的值内作出选择。滑块的行为特点很适合用于级别的选择，如音量、亮度或者色彩饱和度。如下图所示为Android系统中滑块的具体应用效果。

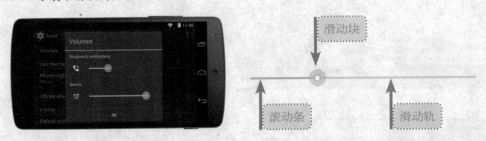

Android系统中为滑块定义了四种不同的状态，在设计中需要设计不同的状态以满足操作的需要，具体如下图所示。

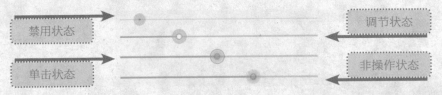

Android系统浅色和深色两大主题中，滑块的表现效果基本一致，如下图所示。但是在具体的设计中需要考虑到主题的变化对滑块的视觉效果所产生的影响，避免由于色彩或质感之间的冲突造成滑块显示不明显等情况。

浅色主题中的滑块效果　　　　　　深色主题中的滑块效果

IOS 7系统

IOS 7系统中的滑块与Android系统中的滑块组成要素相同，都是由一条水平的滑轨和一个可以滑动的圆形滑块组成，滑块的两侧可以放置图像，用来描述左右两端数值的含义，通过为滑轨填充颜色可以定义滑块左端到滑块之间的部分。如下图所示为IOS 7系统中滑块的设置效果。

在滑轨两端放置图像可以更加直观地帮助用户理解滑块的作用，通常这些自定义图像对应滑块控制范围内的最小值和最大值。例如用滑块控制图像尺寸，在最小值端显示一个很小的图像，在最大值端显示一个很大的图像。在为IOS 7系统设计滑块的过程中，可以使用这些方式来对滑块的外观进行表现。

提示 在IOS 7系统中，不可使用滑块表现一个音量控件，要用MP Volume View类调用系统自带的音量滑块。值得注意的是，在当前激活的音频输出设备不支持音量控制时，音量滑块会被替换为适当的设备名称。

3.3.2 创意演变大揭秘

IOS 7系统中的滑块

基于IOS 7系统中扁平化的设计理念，在滑块的扩展设计中要求也较为严格，除了为滑块添加阴影效果以外，滑轨基本上都只存在色彩上的变化。另外，也可以对滑块进行形状变化，使其更加符合当前设计的要求，如下所述为IOS 7系统中滑块的设计过程。

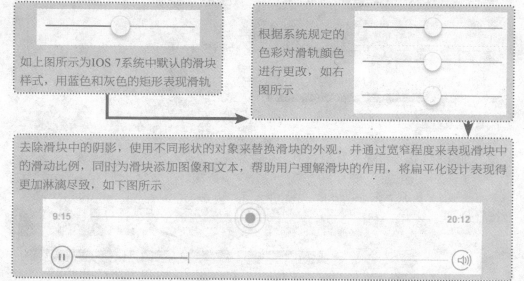

如上图所示为IOS 7系统中默认的滑块样式，用蓝色和灰色的矩形表现滑轨

根据系统规定的色彩对滑轨颜色进行更改，如右图所示

去除滑块中的阴影，使用不同形状的对象来替换滑块的外观，并通过宽窄程度来表现滑块中的滑动比例，同时为滑块添加图像和文本，帮助用户理解滑块的作用，将扁平化设计表现得更加淋漓尽致，如下图所示

Android系统中的滑块

Android系统中的滑块设计相对来说较为开放，由于Android系统中可以放置添加阴影的对象，因此，在进行滑块的设计时，可以通过添加阴影或者添加材质的方式让滑块显得更具质感和立体感，具体如下。

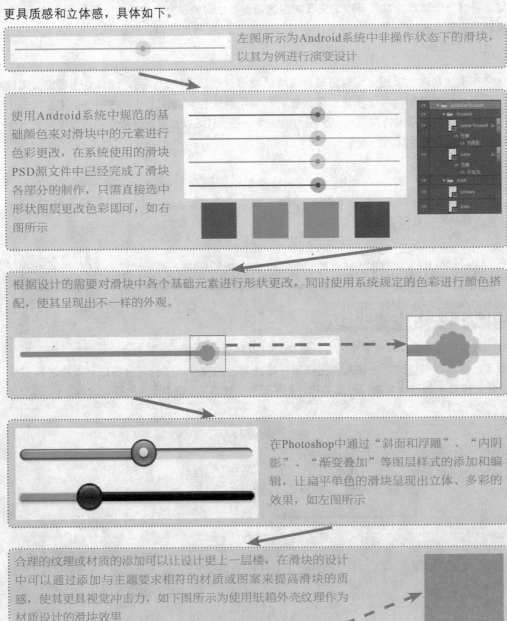

左图所示为Android系统中非操作状态下的滑块，以其为例进行演变设计

使用Android系统中规范的基础颜色来对滑块中的元素进行色彩更改，在系统使用的滑块PSD源文件中已经完成了滑块各部分的制作，只需直接选中形状图层更改色彩即可，如右图所示

根据设计的需要对滑块中各个基础元素进行形状更改，同时使用系统规定的色彩进行颜色搭配，使其呈现出不一样的外观。

在Photoshop中通过"斜面和浮雕"、"内阴影"、"渐变叠加"等图层样式的添加和编辑，让扁平单色的滑块呈现出立体、多彩的效果，如左图所示

合理的纹理或材质的添加可以让设计更上一层楼，在滑块的设计中可以通过添加与主题要求相符的材质或图案来提高滑块的质感，使其更具视觉冲击力，如下图所示为使用纸箱外壳纹理作为材质设计的滑块效果

3.4 开关

开关的主要作用就是开启或者关闭某项功能或者设置，由于开关的外形一般较为小巧，所以设计起来比其他控件更加具有难度。要在有限的范围中设计出外形独特且易于操作的开关，就要在配色和质感设计方面下工夫。

3.4.1 设计指南概述

Android系统

用户通过开关控件对当前的操作进行选择，Android系统中共有三种类型的开关控件，即复选框、单选按钮和开关，接下来就分别对其进行讲解。

复选框允许用户在一个集合中做出多个选择，不要将单个复选框当作开关来使用，Android系统中的复选框有多种状态，如下图所示。

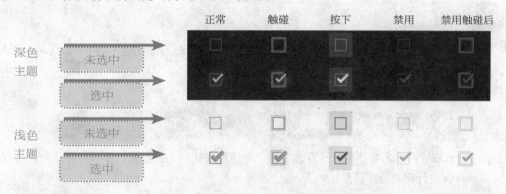

单选按钮允许用户在一个集合中做出一个选择，该控件可以将所有可选项展示给用户，如果不需要一次性展示所有选项，可以使用下拉菜单以节省空间。单选按钮设计规范如下图所示。

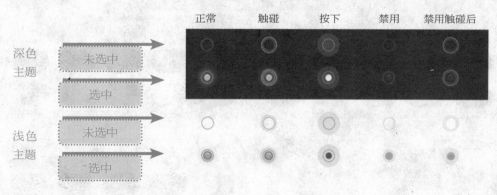

　　复选框和单选按钮的状态在外观变化上有相似之处，只是各自使用的情况不同，即复选框允许用户在一个集合中做多个不同的选择，而单选按钮则只允许在一个集合中将其中一个单击选中。

　　除了复选框和单选按钮以外，Android系统中还设计了开关，效果如下图所示。

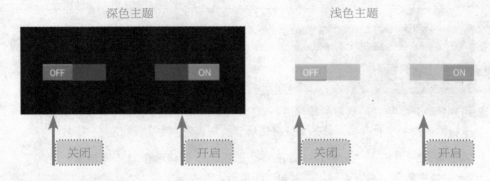

深色主题　　　　　　　　　　　　　　　　浅色主题

IOS 7系统

　　IOS 7系统中的开关比Android系统中的稍微简单，它只有一种方式表示开关状态，如右图所示，利用色彩之间的差异来代表开启或者关闭的状态。

3.4.2 创意演变大揭秘

　　基于IOS 7系统的扁平化设计理念，接下来通过变化开关的色彩以及添加符号的方式对开关的设计进行演变操作，具体如下。

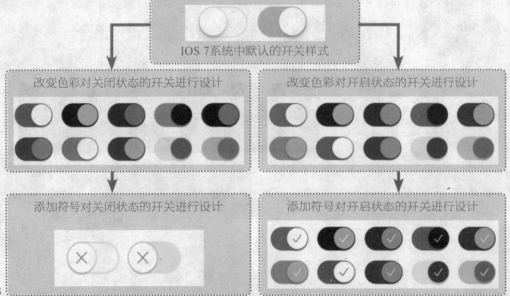

Android系统中的开关

　　Android系统中的开关形式具有多样性，所以相对于IOS 7系统来说，可以设计的空间更大，具体如下。

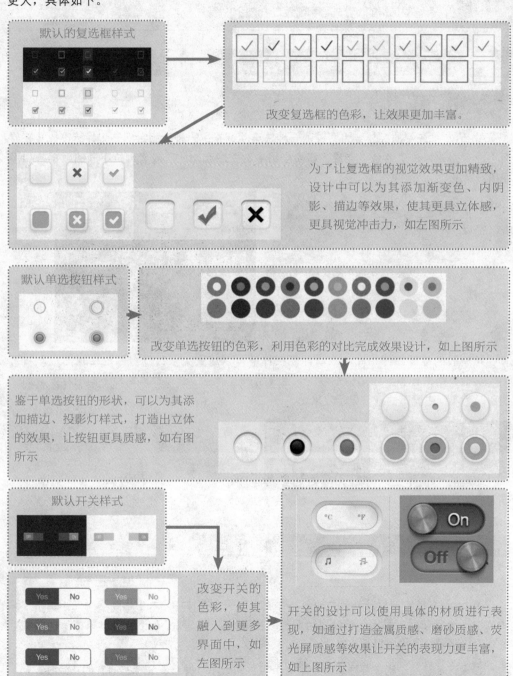

默认的复选框样式

改变复选框的色彩，让效果更加丰富。

为了让复选框的视觉效果更加精致，设计中可以为其添加渐变色、内阴影、描边等效果，使其更具立体感，更具视觉冲击力，如左图所示

默认单选按钮样式

改变单选按钮的色彩，利用色彩的对比完成效果设计，如上图所示

鉴于单选按钮的形状，可以为其添加描边、投影灯样式，打造出立体的效果，让按钮更具质感，如右图所示

默认开关样式

改变开关的色彩，使其融入到更多界面中，如左图所示

开关的设计可以使用具体的材质进行表现，如通过打造金属质感、磨砂质感、荧光屏质感等效果让开关的表现力更丰富，如上图所示

3.5 标签

在移动UI视觉设计中，当有多组相同性质的信息需要显示时，由于屏幕界面的限制，为了让用户预知更多信息，可以使用标签对信息进行分段显示。本节将对标签的设计规范和创意方法进行讲解。

3.5.1 设计指南概述

Android系统

Android系统中的标签分为两种，一种是滚动标签；一种为固定标签。将标签放置在界面中，可以使用户更容易地查看、切换应用中的视图和功能，或者浏览不同的数据，如下图所示。

和一般的标签控件相比，滚动标签控件中可以放置更多标签，通过在视图中左右滑动，切换不同的标签。固定标签可以一直显示所有标签，通过触摸切换不同的标签。如下图所示为不同主题下的标签显示效果。

深色主题下的固定标签　　　　　　　　浅色主题下的固定标签

深色主题下的滚动标签　　　　　　　　浅色主题下的滚动标签

Android系统中的标签外形为矩形，标签中的每个控件均为大小相等的矩形。当用户选中其中一个标签后，固定标签会以特定的颜色突出显示，或者在下方显示颜色条；滚动标签则会将当前标签内容显示出来。

在设计标签的过程中要注意标签中每个控件的大小，并且保证标签内容的一致性。

IOS 7系统

IOS 7系统中的标签称为分段控件，秉承了扁平化设计理念，是一组分段的直线集合，每一个分段都相当于一个可以显示不同视图的按钮。它的外观为一个圆角矩形，中间被线条分为多个区域，使用描边对其进行修饰，其中填色的区域为当前选中的标签，如右图所示。

Title		Done
One	Two	Three
Favorites		>
History		>

分段控件由两个或两个以上宽度相同的分段组成，具体宽度取决于分段数量，可以显示文本或图像，用来提供紧密相关而又互相排斥的选项。

设计中要尽可能保证每个分段的内容长度一致，由于分段控件中所有分段的宽度都相同，当有些分段被内容填满而有些没有时看起来会不太美观；避免在单个分段中混合放置文本和图像，即一个独立的分段可以包含纯文本或纯图像，但不能同时存在；最好避免在同一个分段控件中一些分段放置文本，而另一些分段又放置图像。

3.5.2 创意演变大揭秘

IOS 7系统中的分段控件在设计上较为单一，基本就是根据界面配色的风格来调整分段控件的色彩，在外形和设计上很难进行突破，接下来将以Android系统中的固定标签为例，对其设计的演变过程进行细致讲解。

Android系统中的固定标签如左图所示，其中包含了系统标准颜色中的一种，即蓝色，并且用不同明度的蓝色进行修饰

将Android系统中的标签颜色罗列出来，在设计的过程中如果想要设计的结果与标准设计一致，只修需改标签中的颜色，让更改后的标签色彩与界面整体的配色保持协调，就能快速完成设计，如下图所示

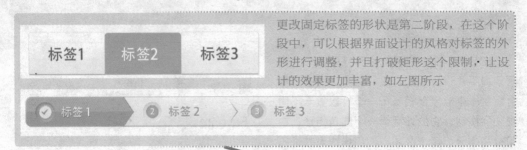

更改固定标签的形状是第二阶段，在这个阶段中，可以根据界面设计的风格对标签的外形进行调整，并且打破矩形这个限制，让设计的效果更加丰富，如左图所示

在标签的设计中，可以首先确定一个基调，就是先对标签的背景进行设计，使其大致呈现标签的质感和风格，最后再设计标签中的文本、分段线等元素，这样的设计思路会提高标签制作的速度，如下图所示

为标签添加材质是增强标签质感的一种较为常用的方法，在设计标签的过程中，即便是标签的外形很普通，只要适当地为其添加质感强烈的材质，就能立刻让标签的效果显得特别且具创意。如下图所示是为标签添加木质材质的设计效果

由于屏幕方向的变化，或者界面功能信息的限制，标签的表现不只有横向一种，有时候还会纵向显示，如下图所示分别为纵向设计的两组标签，它们通过色彩、质感上的统一设计，使整体呈现的效果更加协调

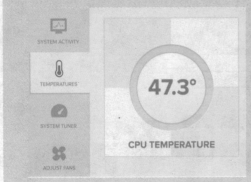

3.6 下拉菜单

移动UI视觉设计中通常把一些具有相同分类的功能放在同一个下拉菜单中，并把这个下拉菜单置于主菜单的一个选项下，属于多种功能的集合。本节将对下拉菜单的设计规范和制作进行讲解。

3.6.1 设计指南概述

Android系统

下拉菜单提供了一种快速的选择方式。默认情况下，下拉菜单显示当前选中的选项。触摸后，显示其他可选项，用户可以重新做出选择。与文本框相比，下拉菜单不能输入信息只能选择，避免了用户输入错误。如下图所示为Android系统中常用的下拉菜单应用效果。

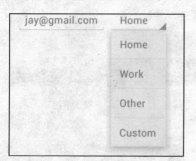

在表单中可以使用下拉菜单选择数据，它可以将所包含的信息压缩起来，和其他控件很好地实现整合。下拉菜单可以单独作为一个输入项，也可以配合其他输入字段一起使用。例如，文本框可以让用户编辑Email地址，同时提供一个下拉菜单，让用户选择是家庭邮箱还是工作邮箱。如下图所示为深色主题和浅色主题中的下拉菜单及其各种状态的样式。

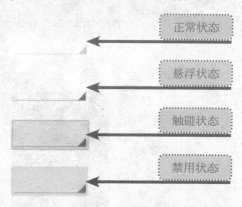

Android系统中的下拉菜单设计的效果较为简单，只为其添加了淡淡的阴影效果，并用等分的方式对菜单中的选项进行罗列。

Android系统的操作栏中使用下拉菜单能够实现视图之间的切换。例如，如果切换视图对于用户的应用来说很重要，但又不需要一直显示，可以使用下拉菜单。如果需要频繁地切换视图，最好使用标签。

IOS 7系统

在IOS 7系统中，下拉菜单为"详情展开"按钮，触碰该按钮会展开一个独立视图来显示与某个特定项目相关的更多信息或功能。

通常来说，在表格视图中使用"详情展开"按钮可以让用户获知与这个列表项相关的更多信息或功能，也可以在其他类型的视图中使用这个元素向用户展示与视图中项目相关的更多信息或功能。

如右图所示，标示出来的按钮即为"详情展开"按钮，触碰这个按钮，就会将当前隐藏的信息以独立的视图显示出来。

3.6.2 创意演变大揭秘

以Android系统中的下拉菜单为例，通过改变其色彩，添加特效的方式，让原本表现形式单一的下拉菜单展示出不一样的效果，具体如下。

Android系统默认的下拉菜单样式，表面呈现浅灰色彩，边缘有淡淡的阴影，如左图所示

将下拉菜单的边缘更改为圆角，并对其各个元素的色彩进行调整，让下拉菜单更具质感，如右图所示

为下拉菜单中的设计元素添加Photoshop中的多种图层样式，使其呈现出更加精致的效果，如右图所示分别为黑色光亮、细腻肤色、金属色效果的下拉菜单效果

3.7 文本框

文本框是一种通用控件，可供用户输入文本或显示文本，在移动UI界面中，如果需要用户输入某些信息，就应在特定的区域添加文本框。文本框的设计较为简单，本节将对其设计规范和制作特点进行讲解。

3.7.1 设计指南概述

Android系统

文本框让用户在应用中输入文字，Android系统中的文本框支持单行和多行模式。触碰文本框后会自动显示光标和键盘。除了输入，文本框还支持其他的操作，如下图所示为Android系统深色和浅色主题中文本框的应用效果。

当文本输入超出边界时，单行文本框会自动向左边滚动，使最右边的文字一直显示；当文本长度超过文本框宽度时，多行文本框会自动换行，当行数超出文本框高度时，会自动向上滚动，使用户能够看到最后一行。如下图所示分别为单行和多行模式下的文本框效果。

文本框有多种类型，如数字、消息或邮箱地址。文本框类型决定了哪一种类型的字符可以输入该文本框，并且会自动显示最合适的虚拟键盘。使用自动完成文本框时，它将会实时显示自动完成或者搜索结果，使得用户可以更容易和准确地输入内容。

用户可以通过长按文本框选择文本并进入文本选择模式，这种模式提供了对于选择范

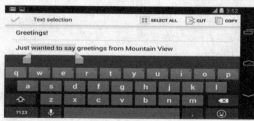

围的扩展以及对选中文字的操作。如左图所示，Android系统对文本框中选中文字的设计，使用了半透明的颜色对文本进行遮盖，使其突出显示，便于用户直观地查看到选中的信息；而左右两侧的选择控制杠杆则使用100%的不透明度进行设计。

IOS 7系统

IOS 7系统中的文本框同样支持用户输入单行文本，它的外形是一个固定高度的圆角框，如下图所示，可以发现文本框严格遵循了扁平化设计原理，没有对其进行多余的修饰。

3.7.2 创意演变大揭秘

文本框主要是为用户提供文本输入功能的区域，因此大部分文本框都会呈现出凹陷的视觉效果，向用户暗示它的功能。文本框基本上都是与一些按钮共同存在的，鉴于文本框的依附性，接下来以搜索栏中的文本框为例，讲解文本框的设计过程，具体如下。

3.8 对话框

对话框用于提示有异常发生或提出询问等，是一个多种界面元素组成的控件，可能会包括按钮、文本框、图标等。本节将对对话框的设计进行介绍。

3.8.1 设计指南概述

Android系统

应用程序通过对话框让用户作出某些决定，或者填写一些信息，以完成任务。对话框的形式可以是简单的"取消"或"确定"，也可以是复杂的调整设置或者输入文字等。

Android系统中的对话框一般包含三个部分，一个是标题区，提示用户对话框的内容，如用户正在调整的设置名称；二是内容区，对话框的内容多种多样，如设置对话框使用多种 UI 控件（包括各种按钮、滑块和文本框），通过它们来调整应用或者系统的设置；三是操作按钮，一般是"取消"或"确定"，"确定"一般是默认的操作，具体如下图所示。

标题区

操作按钮

未标注：内容区

警告对话框用于在执行下一步操作前请求用户确认或者提示用户当前的状态。由于内容不同，警告对话框的布局会有些不同。大多数警告对话框不需要标题栏，设计中只需要正确添加文本和制作出对话框的背景即可。

设计中应谨慎使用带有标题栏的警告对话框，仅在有可能引起数据丢失、连接断开、收费等高风险的操作时才使用，并且标题应当明确，内容区提供一些解释。如下图所示分别为没有标题栏的警告对话框和有标题栏的警告对话框的设计效果。

弹出对话框是一种轻量级的对话框，一般只让用户做出一个选择。弹出对话框不使用"确定"或"取消"按钮，而是让用户通过简单的触摸进行反馈。弹出对话框的内容相对多样化，如下图所示，需要设计的内容相对于其他对话框来说也更多。

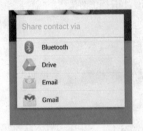
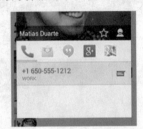

IOS 7系统

IOS 7系统中的对话框与Android系统中的对话框作用是相同的，都是向用户提示会影响使用APP或设备的重要信息，设计的样式如下图所示。

IOS 7系统中的对话框使用圆角矩形作为背景，利用线条将信息与操作按钮分开，设计较为简单，并利用文字的色彩来区分标题和消息正文，让信息的传递更加清晰、准确。

3.8.2 创意演变大揭秘

对话框设计实际上就是将文本编辑、文本框和操作按钮的设计融合在一个较小的区域中，因此要注意将各个控件的风格进行统一设计，不论是质感、形状，还是颜色，都要使其形成一套较为完整、和谐的搭配，接下来以Android系统中的登录对话框为例，一起来探讨如何对其进行创意性的设计，具体如下。

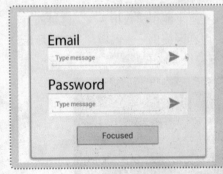

如左图所示为Android系统默认的浅色主题下的登录对话框，其中包含了两个文本框、一个按钮和一个背景，这些控件的设计都严格遵循Android系统中各个界面设计元素的设计规范，色彩和质感都非常简单

在不改变界面元素控件质感和样式的情况下，对登录对话框中的各个元素进行精简和变形，统一使用圆角矩形进行创作，如下图所示

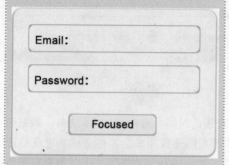

为了让登录对话框中的信息更加清晰明了，使用图标对需要输入的内容进行提示，并完善按钮的信息，如下图所示

想要对话框呈现出来的视觉冲击力更强，可以通过添加"描边"、、"内阴影"、"投影"和"渐变叠加"样式，让控件的外形更具立体感，如下图所示

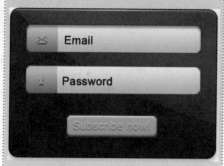

对各个控件的色彩进行更改，让重要的信息得以突出，并且保证配色的一致性，提升对话框的视觉效果如下图所示

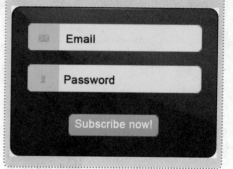

添加材质是改变设计的有效方法，在登录对话框的后期创作中，通过为其添加金属质感的材质，让其呈现出来的视觉效果更具个性，如左图所示，圆润的控件外形和坚硬的材质效果，使得创作带来更多的惊喜

3.9 进度控件

进度控件即移动设备在处理任务时，实时地以图片形式显示处理任务的速度、完成度、剩余任务量的大小和可能需要的处理时间，一般以长方形条状显示，进度控件的设计在Android系统和IOS 7系统中较为相似。

3.9.1 设计指南概述

Android系统

进度条和活动指示器用以提示某个操作会花费较长的时间。在Android系统中，如果知道当前任务完成的比例，可以使用进度条让用户了解大约还需要多久才能完成。进度条应当表示0%~100%，而且永远不会往回变成更小的值，如下图所示为进度条在深色主题和浅色主题中的标准设计效果。

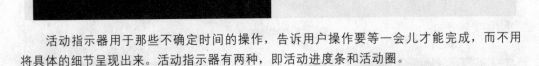

活动指示器用于那些不确定时间的操作，告诉用户操作要等一会儿才能完成，而不用将具体的细节呈现出来。活动指示器有两种，即活动进度条和活动圈。

用户进行下载操作，开始下载时，因为连接服务器打开时下载时间不确定，用活动指示器显示正在下载，如左图所示。当下载开始后，能够计算出下载时间，则可用有明确百分比的进度条替换活动指示器。

应用程序在载入消息时使用活动圈，如下载邮件的时间难以确定，使用活动圈，不需配以文字，旋转的圆圈已经表明了正在进行后台操作，如下图所示。

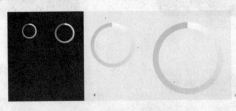

标准的进度条和活动指示器已经足够满足大多数应用的需要，为了实现Android系统的统一体验，应当使用这些标准控件，有时也可以使用自定义控件，如下图所示的Google Play中的进度控件在不同时间段和不同状态下的显示效果。

如果设计师觉得标准的活动指示器控件不能满足界面的设计要求，需要自行设计，应保证使其看起来近似Android的风格，可以借鉴一些标准指示器中的视觉特征。例如，Google Play的自定义活动指示器，使用了圆圈外形、相同的蓝色阴影和简单的风格。

IOS 7系统

进度控件在IOS 7系统中的设计非常简单，如下图所示，就是一条轨迹，随任务或进程进度从左到右持续填充，不允许用户有交互行为。

IOS 7系统中定义了两种进度视图样式，一种是默认型，看上去更突出，适合用在APP的主要内容区域；一种是条栏型，比默认样式更纤细，适合用在工具栏中。

在设计的过程中，根据APP的风格来设计进度视图的外观，比如为整条轨迹和已填充的进度视图自定义颜色或图像等。

3.9.2 创意演变大揭秘

现在的设计越来越注重细节，就连进度条的UI也设计得非常漂亮，随着APP应用程序复杂程度的增加，很多时候需要用户去等待一些比较耗时的操作，在等待的过程中，如果能有一些比较人性化的加载动画或者进度条提示用户当前程序执行的状态，往往能大大提升用户体验度。

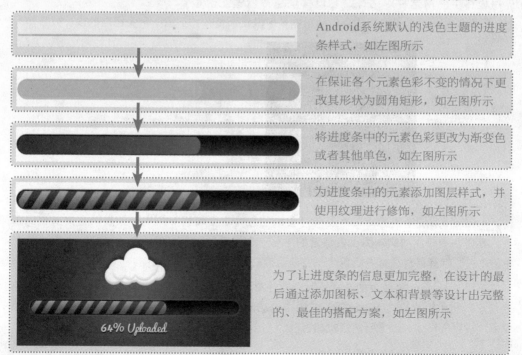

Android系统默认的浅色主题的进度条样式，如左图所示

在保证各个元素色彩不变的情况下更改其形状为圆角矩形，如左图所示

将进度条中的元素色彩更改为渐变色或者其他单色，如左图所示

为进度条中的元素添加图层样式，并使用纹理进行修饰，如左图所示

为了让进度条的信息更加完整，在设计的最后通过添加图标、文本和背景等设计出完整的、最佳的搭配方案，如左图所示

3.10 选择器

选择器是移动设备界面中常常会出现的一个元素，它用于对一组或者多组不同类型的信息进行选择，有的设计者会将其设计为齿轮状，有的则会将其设计为扁平的增减单击样式。本节将对移动设备界面中选择器的设计进行讲解。

3.10.1 设计指南概述

Android系统

选择器提供了一种简单的方式，让用户在多个值中选择一个。除了可以通过点击向上、向下按钮调整值以外，也可以通过键盘或者手势进行调整。

在设计选择器的过程中，鉴于设计空间有限，可以将选择器内嵌在一个表单中，但是由于它占的空间比较大，把选择器单独放在对话框里比较好。如果要嵌入表单，应考虑使用文本框或下拉菜单以节省空间。

如右图所示为Android系统中选择器的设计效果。

Android系统直接提供了时间或者日期选择器，带有这种选择器的对话框，可以用来输入日期或者时间。在APP应用程序中使用这种对话框，可以保证用户能够正确输入。日期和时间选择器的格式会自动根据地区做出调整，如下图所示为标准的设计效果。

Android系统中的选择器主要通过文本信息的明度和线条的指示来表明当前选中的内容，其中色调较浅的文本为当前信息的靠前一个和靠后一个，中间最突出的一个为当前选中的，并且选择器对话框中还包含有当前选择的标题和操作按钮。

在设计Android系统中的选择器时，要注意设计元素的颜色以及正确使用有色的线条突出信息，利用简单的文字对标题和按钮中的功能和信息进行说明；此外，选择器的背景要使用"投影"样式，以增强其层次感。

IOS 7系统

IOS 7系统中的选择器主要用于日期的选择，显示日期和时间的组件，比如小时、分钟、日和年份，标准的设计效果如右图所示，其中除了文本以外没有多余的修饰，显得简单而直观。

Mon Sep 2	6	57	
Tue Sep 3	7	58	
Wed Sep 4	8	59	
Today	9	00	AM
Fri Sep 6	10	01	PM
Sat Sep 7	11	02	
Sun Sep 8	12	03	

IOS 7系统中的日期选择器最多可以显示四个独立的滚轮，每个滚轮显示一个单独的分类数值，比如月份或小时，视图中央使用深色文本表示当前选中的数值；此外，不能更改其大小，日期选择器的大小必须和iPhone键盘相同。

在IOS 6系统中，时间选择器采用了非常逼真的拟物化效果，模拟拨轮进行时间设置。IOS 7系统则去除了拨轮的质感和纹理，将其扁平化，通过透视原理和半透明玻璃效果表现了一个扁平化的拨轮。值得注意的一点是，IOS 7系统的玻璃效果处理得非常逼真，选择时间的中间状态体现出了玻璃的折射效果，如下图所示。

取消	编辑闹钟		存储
4	07		
5	08		
6	09		
7	10	AM	
8	11	PM	
9	12		
10			

取消	编辑闹钟		存储
4	08		
5	09		
6	10		
7	11	AM	
8	12	PM	
	13		
10			

3.10.2 创意演变大揭秘

Android系统中的日期选择器如左图所示，选择器对话框中的元素非常简单，基本可以分为标题、选择区域和按钮。选择区域的设计基本是通过上下箭头实现选择，利用文字的色彩来表明是否选择该项内容。由于背景为浅色，则深色的、较为明显的信息为选中；色彩较淡、不明显的信息为未选中。

接下来以日期选择器为例，通过对其进行精简和重新设计创作出新的作品。

以齿轮操作为设计基准，对日期选择器中的元素进行精简，得到如下图所示的效果

对设计的各个元素进行整理，通过添加图形和更改字体的方式改变设计效果，如下图所示

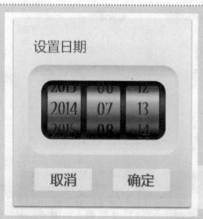

为了让日期选择器对话框的视觉效果更加绚丽，对每个设计元素的色彩进行更改，参考如下图所示的配色，为其填充不同的单色或者渐变色，并使用"内发光"、"内阴影"、"斜面和浮雕"等样式对元素进行修饰，得到如左图所示的效果

添加材质是对界面元素进行修饰的必胜法宝，材质的添加往往会让界面元素的质感大大提升，并且呈现出强烈的视觉冲击力。

这里为日期选择器添加银灰色的金属材质，使其与现实生活中的密码锁的外观相似，最后设计和制作的效果如右图所示

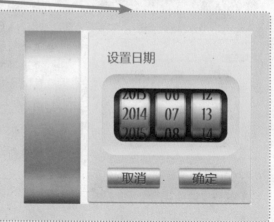

Chapter 04

创意

开启灵感源泉构思个性移动UI

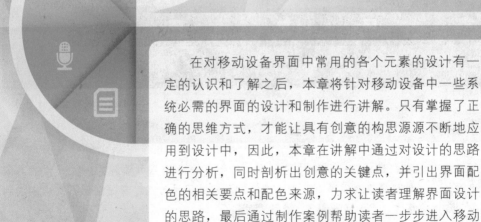

在对移动设备界面中常用的各个元素的设计有一定的认识和了解之后，本章将针对移动设备中一些系统必需的界面的设计和制作进行讲解。只有掌握了正确的思维方式，才能让具有创意的构思源源不断地应用到设计中，因此，本章在讲解中通过对设计的思路进行分析，同时剖析出创意的关键点，并引出界面配色的相关要点和配色来源，力求让读者理解界面设计的思路，最后通过制作案例帮助读者一步步进入移动UI视觉设计的领域。

通讯录界面设计

当今的通讯录可以涵盖多项内容，移动设备中的通讯录通常以个人为单位的，由于包含了丰富的信息，其界面的设计可以非常灵活且具有创意。

源文件 随书资源包\源文件\04\通讯录界面设计.psd

4.1.1 纵向思维定义主要元素：标签

所谓纵向思维，是指在一种结构范围内，按照有顺序的、可预测的、程式化的方向进行思维，是一种符合事物发展方向和人类认知习惯的思维方式，遵循由低到高、由浅到深、由始到终等线索，因而清晰明了，合乎逻辑。

纵向思维可以从对象的不同层面切入，纵向跳跃，是具有突破性、递进性、渐变性的联系过程。本案例在设计中使用纵向思维进行设计元素的设定，从界面的内容出发，即通讯录，深入一步进行联想，将大量电话信息分组与标签联系在一起，进行思维的突破，逐步探索，进而确定界面的主要设计元素为"标签"，最后根据"标签"的外形和特点对通讯录的界面进行创作。

　　如下图所示为具体的思维发展方向，从中可以看出，联系人的分组为思维的突破点，纵向思维中的"预见趋势"可以抓住事物的不同发展阶段所具有的特征进行考量、比照、分析，从而得出使用"标签"对分组进行表现。在构思的过程中，大量信息就是事物的本质，思维发展所得出的每一个结果就是一个片段，由本质串联起来。

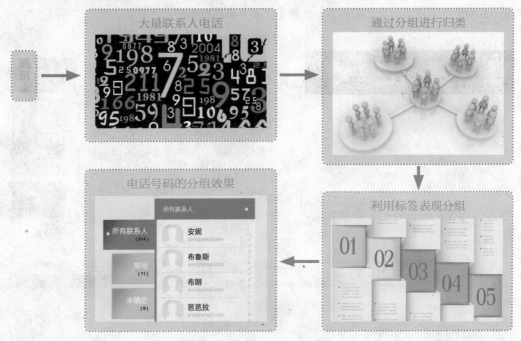

4.1.2 标签的数量决定了界面色彩的丰富程度

　　标签的作用就是对若干对象进行分类，使用关键词对其进行表述，以便于查找和管理。由于类别繁多，为了突出每种类别的特点，势必会导致界面的色彩增多，因此本例在配色过程中使用了多种不同色相的颜色对元素进行表现，在具体操作中要把握好色彩之间的平衡，具体如下图所示。

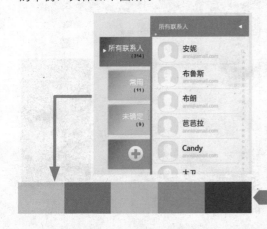 

4.1.3 彩色标签决定界面风格：活泼、轻快

本例设计添加了彩色的标签，界面色彩丰富，营造出一种轻松、愉悦的氛围。在界面设计元素的制作中，通过对每个对象填充不同的颜色，使其清晰地表现出各自不同的特征，并利用图层样式的添加和编辑，让界面元素更具质感和层次，具体效果如下图所示。

4.1.4 实例制作步骤解析

1 制作界面背景

STEP 01 新建文档，使用"矩形选框工具"创建一个所需大小的矩形选框；新建图层，在该图层中为选区填充所需的颜色，将其作为界面的背景，如下图所示。

STEP 02 双击"背景"图层，在打开的"图层样式"对话框中勾选"颜色叠加"复选框，并在相应的选项卡中对色彩进行设置，改变矩形的颜色，如下图所示。

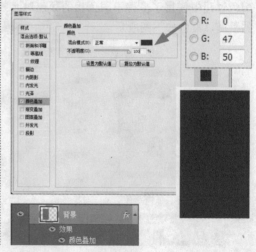

STEP **03** 使用形状工具和文字工具绘制出手机状态栏中的元素，并使用黑色的背景对其进行修饰，放在界面中适当的位置，如右图所示。

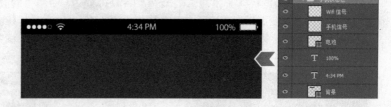

2 制作彩色标签 ▶

STEP **01** 绘制一个适当大小的矩形，为其填充颜色R255、G200、B97，接着为其添加"投影"图层样式，并在相应的选项卡中对其进行设置，如下图所示。

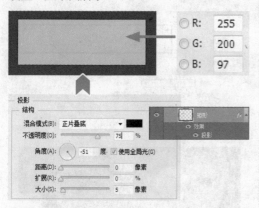

STEP **02** 使用与STEP 01中相同的方法，在界面上适当的位置绘制出另外两个矩形，填充上不同的颜色并应用相同的"投影"样式进行修饰，如下图所示。

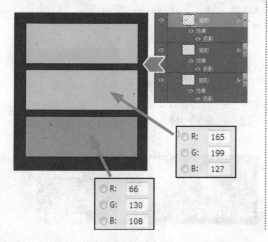

STEP **03** 按住Ctrl键的同时单击"矩形"图层的图层缩览图，将该图层中的矩形添加到选区，然后选择工具箱中的"渐变工具"，如下图所示。

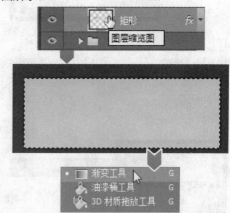

STEP **04** 选择"渐变工具"后，在其选项栏中选择"线性渐变"填充方式，单击渐变色块，在打开的"渐变编辑器"对话框中对渐变色进行设置如下图所示。

STEP **05** 新建图层，将其命名为"阴影"，使用设置好的"渐变工具"在选区中单击并向右下45°方向拖曳，为选区填充渐变色，如下图所示。

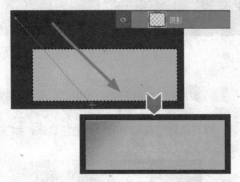

STEP **06** 参照STEP 03、04、05的操作方法，为界面上绘制的另外两个矩形添加相应的阴影效果，在图像窗口中可以看到编辑后的效果，如下图所示。

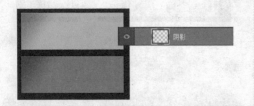

STEP **07** 使用"椭圆工具"绘制一个正圆形图形，双击绘制得到的形状图层，在打开的"图层样式"对话框中为其添加"描边"样式和"渐变叠加"样式，如下图所示。

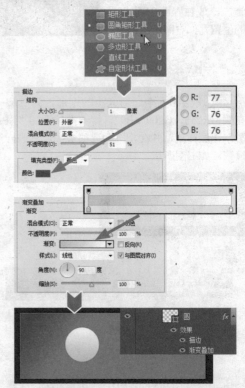

STEP **08** 新建图层，将其命名为"加"，使用"矩形选框工具"创建选区，设置所需的前景色，按Alt+Delete快捷键为选区填充前景色，接着按Ctrl+D快捷键取消选区的选择，最后双击图层，在打开的"图层样式"对话框中为其添加"内阴影"样式，并进行相应的设置，在图像窗口中可以看到编辑后的效果，如下图所示。

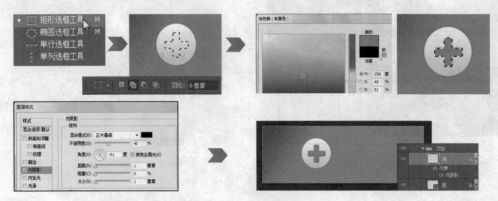

STEP 09 新建图层，将其命名为"矩形-背景"；接着使用"矩形选框工具"创建选区，并为选区填充上所需的颜色，在图像窗口中可以看到编辑后的效果，如下图所示。

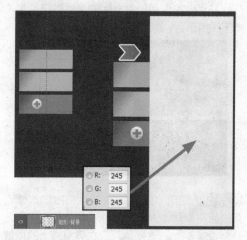

STEP 10 新建图层，使用"矩形选框工具"绘制出红色的矩形，并参照绘制阴影的方法为其添加渐变阴影，在图像窗口中可以看到编辑后的效果，如下图所示。

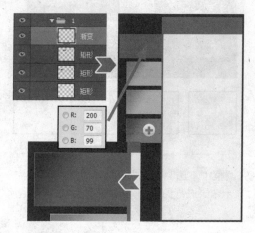

提示　在Photoshop中创建新图层，不仅可以通过执行"图层＞新建＞图层"菜单命令创建，还可以按Ctrl+N快捷键打开"新建"对话框进行创建。

STEP 11 选择工具箱中的"横排文字工具"，在适当的位置输入所需的文字，并在"字符"和"段落"面板中对文本的属性进行设置，最后添加联系人头像，如下图所示。

STEP 12 绘制三角形形状，并为其添加"斜面和浮雕"样式；使用"自定形状工具"绘制放大镜，接着添加所需的文字，完善界面的内容，如下图所示。

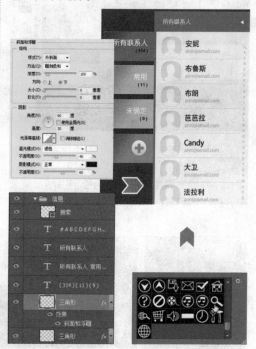

③ 绘制界面下方选项栏 ▶

STEP 01 绘制一个矩形图形，将其作为下方选项栏的背景，接着双击该图层，在打开的"图层样式"对话框中为其添加"渐变叠加"样式，如下图所示。

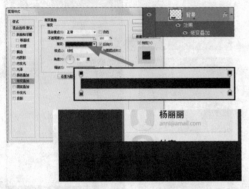

STEP 02 新建图层，使用"矩形选框工具"创建矩形选区，设置好前景色后按Alt+Delete快捷键为选区填充适当的颜色，将其作为按钮按下时的状态，如下图所示。

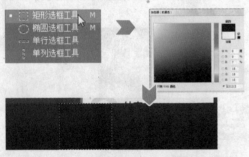

STEP 03 选择工具箱中的"横排文字工具"，在适当的位置单击并输入所需的文本，并打开"字符"面板对文字的属性进行设置，如下图所示。

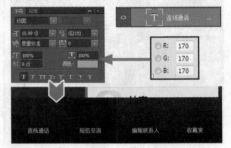

STEP 04 使用"钢笔工具"绘制图标，或者直接使用素材，为下方的选项栏添加图标，并分别设置不同的填充色，放在界面适当的位置上，如下图所示。

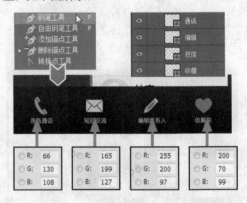

STEP 05 使用"矩形工具"绘制矩形，填充黑色并调整"不透明度"为60%，添加文字和手势图标，并绘制虚线弧形，然后使用"图层蒙版"对显示效果进行控制，完成界面下方选项栏的绘制，如下图所示。

4 绘制联系人信息界面 ▶

STEP 01 对前面绘制完成的手机状态栏、界面背景下方状态栏进行复制，开始联系人信息、界面的绘制，绘制出红色的矩形，并通过"渐变工具"绘制上方的阴影，如下图所示。

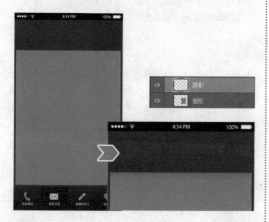

STEP 02 将前面的人像图形进行复制，放在适当的位置，并使用"横排文字工具"添加所需的文字，接着打开"字符"面板对文字的属性进行设置，如下图所示。

STEP 03 使用"椭圆工具"在界面中的适当位置绘制一个正圆形，填充白色，并添加"内阴影"图层样式对其进行修饰，在图像窗口可以看到编辑后的效果，如下图所示。

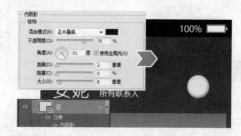

STEP 04 使用"钢笔工具"绘制铅笔的形状，并添加"描边"、"内阴影"、"渐变叠加"和"投影"样式对铅笔形状进行修饰，然后将其放在圆形上方，如下图所示。

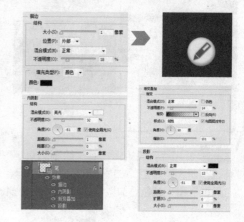

STEP 05 使用"圆角矩形工具"绘制所需的形状，将其作为文本信息的背景，并添加"描边"、"内阴影"、"投影"和"颜色叠加"样式进行修饰，如下图所示。

STEP 06 使用"矩形选框工具"创建细长的矩形选区,在创建的"间隔线"图层中为选区填充颜色,将其作为文本的间隔,在图像窗口中可以看到编辑后的效果,如下图所示。

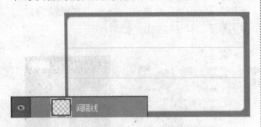

STEP 07 使用"钢笔工具"绘制所需的图标,并分别填充不同的颜色,放在界面适当的位置,也可以通过添加素材的方式完成图标的编辑,如下图所示。

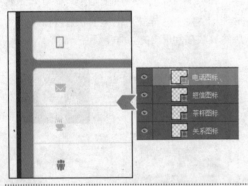

STEP 08 选择工具箱中的"横排文字工具",在适当的位置单击并输入所需的文本,接着对文字的属性和颜色等进行设置,在图像窗口可以看到编辑后的结果,如下图所示。

STEP 09 新建图层,将其命名为"箭头",绘制出文本末端所需的箭头,并使用颜色R145、G145、B145进行填充,在图像窗口中可以看到编辑的结果,如下图所示。

STEP 10 使用"圆角矩形工具"绘制圆角矩形按钮,再使用"描边"和"渐变叠加"图层样式对其进行修饰,接着添加所需的文字和图标,并在"字符"面板中设置文本的属性,最后使用"内阴影"和"颜色叠加"样式对图标进行修饰,完成本例的编辑,如下图所示。

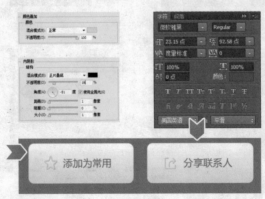
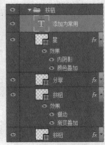

4.2 短信界面设计

短信，简称SMS，是用户通过手机或其他电信终端直接发送或接收的文字或数字信息，用户每次能接收和发送短信的字符数有限，移动设备中的短信是按由时间顺序进行展示的，它的界面设计与其他界面设计有很大的区别。

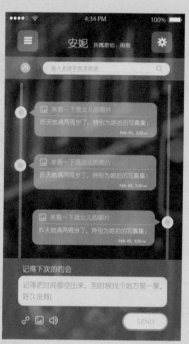

源文件 随书资源包\源文件\04\短信界面设计.psd

4.2.1 按时间顺序定义界面主要元素：时间线

短信是伴随数字移动通信系统产生的一种电信业务，通过移动通信系统的信令信道和信令网传送文字或数字短信息，是一种非实时、非语音的数据通信业务。由于短信与通话相比，其时效性能要稍微差一些，但是其交流内容的保存比通话更完整，因此其界面的设计也是很有讲究的。

时间线最大的意义在于可以系统、完整地记录某一领域的发展轨迹和详细事迹。本例从短信的时效性和接收顺序角度出发，通过层层联想和筛选，使用时间线对短信界面中的元素进行整合，将发送和接收的短信都通过时间线联系在一起，让浏览者更为直观地查看短信的先后顺序，缩短思考的时间。这样的设计能够把短信的内容统一成一个完整的体系，具体如下图所示。

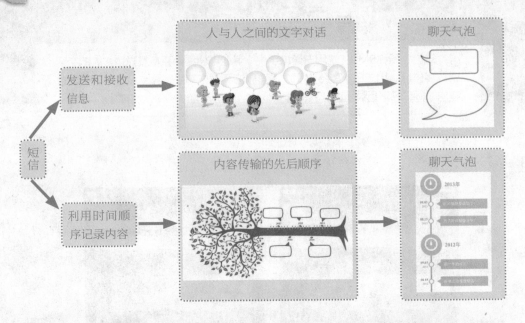

4.2.2 用蓝绿色表现短信内容的未知性

蓝绿色是蓝色与绿色混合色彩,具有"宇宙神秘之色"的称谓,而短信本身具有记录和承载文字、图片等信息的作用,带有一定的神秘感,因此本案例使用蓝绿色更为贴切。同时,搭配明度较低的图片作为背景,再通过半透明的方式呈现设计元素,让色彩的层次更加清晰,具体如下图所示。

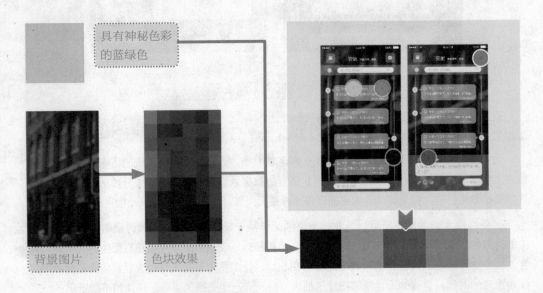

4.2.3 单色设计元素与繁杂背景混搭

本例将界面的主要设计元素定义为木纹和放大镜，大量木纹材质的使用，使得界面飘散出一股天然、木质的清香，有一种返璞归真的感觉；棕色的木制与复古色调相互吻合，让界面又表现出一种怀旧的韵味。将上述信息综合起来，大致可以确定本例界面所呈现的风格为天然、复古，如下图所示为本例所设计和使用的界面基础元素。

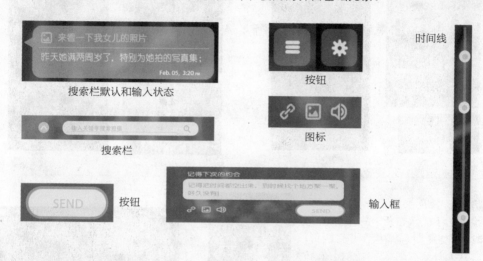

时间线

搜索栏默认和输入状态

按钮

搜索栏

图标

按钮

输入框

4.2.4 实例制作步骤解析

1 制作界面背景

STEP 01 新建文档，新建图层，将其命名为"背景"；使用"矩形选框工具"创建矩形选区，设置前景色为黑色后按Alt+Delete快捷键为选区填充上黑色，如下图所示。

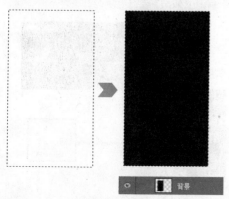

STEP 02 将所需照片添加到文档中，命名为"照片"，设置其"不透明度"为30%，右击该图层，在打开的快捷菜单中选择"创建剪贴蒙版"命令，如下图所示。

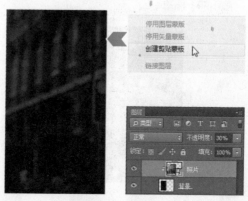

STEP 03 将"背景"图层中的对象添加到选区中,接着为选区创建"色阶1"调整图层,在打开的"属性"面板中拖曳RGB选项下的值依次为0、1.05、178,如下图所示。

STEP 04 将色阶1调整图层蒙版中的图像载入选区,创建"色彩平衡"调整图层,调整"中间调"选项下的色阶值分别为+22、+1、+21,如下图所示。

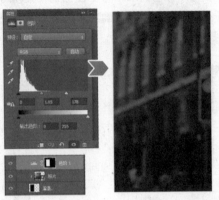

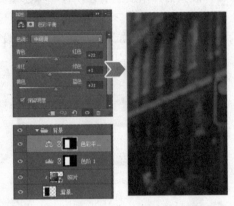

STEP 05 使用文字工具和形状工具绘制出手机状态栏中的元素,并为其填充白色;接着绘制矩形的背景,并为其填充黑色,无描边色,调整"不透明度"选项的参数为10%,如右图所示。

2 添加标题和发送栏▶

STEP 01 使用"圆角矩形工具"绘制出按钮的背景,并填充适当的颜色,降低其"不透明度"为25%;接着绘制按钮上的图标,并填充白色,如下图所示。

STEP 02 使用"横排文字工具"在适当的位置单击并输入所需的文字,接着打开"字符"面板对文字的属性进行调整,在图像窗口可以看到编辑的效果,如下图所示。

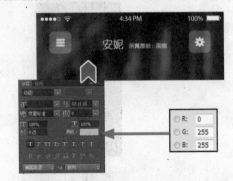

STEP 03 使用"矩形工具"绘制一个矩形，为其填充颜色R0、G255、B255，无描边色，最后在"图层"面板上适当降低"不透明度"选项参数，如下图所示。

STEP 04 使用"圆角矩形工具"在其选项栏中设置其填充色为白色，无描边色，"半径"为30像素，绘制一个圆角矩形，作为搜索栏的输入框，如下图所示。

STEP 05 选择"横排文字工具"在适当的位置单击并输入所需文字，接着打开"字符"面板对文字的大小、颜色等进行调整，如下图所示。

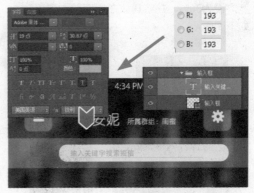

STEP 06 选择"自定形状工具"，选择其中的放大镜形状，绘制出搜索图标，将其放在搜索栏的右侧，在图像窗口中可以看到编辑的效果，如下图所示。

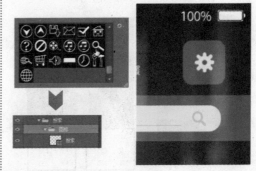

STEP 07 使用"椭圆工具"和"钢笔工具"绘制搜索栏左侧的按钮，并分别填充适当的颜色，在图像窗口中可以看到绘制后的结果，如右图所示。

提示 在"图层"面板中，选中需要进行调整的图层后，按 Shift+[快捷键或 Shift+] 快捷键，可以向下或向上调整图层的顺序；按快捷键 Ctrl+ Shift+[或者 Ctrl+ Shift+] ，可以将当前选中的图层调整到最底层或最顶层。

③ 制作信息时间线 ▶

STEP 01 选择 "圆角矩形工具"，绘制出时间轴的线，填充白色，无描边色，"不透明度"设为30%，并将其放在界面的左侧位置，如下图所示。

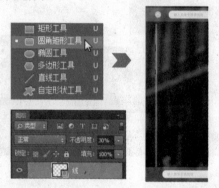

STEP 02 使用"椭圆工具"绘制两个大小不等的圆形，分别填充不同的颜色，将其重叠在一起，然后创建图层组对其进行管理，在图像窗口可看到编辑效果，如下图所示。

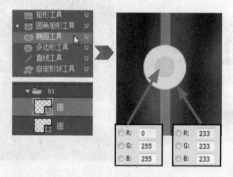

STEP 03 对前面绘制的时间线和定位的圆形进行复制，分别放在界面左侧和右侧的位置，同时使用图层组对这些元素进行归类整理，如下图所示。

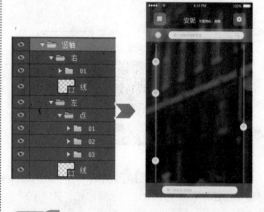

STEP 04 使用"圆角矩形工具"和"钢笔工具"绘制聊天气泡的形状，并为其填充白色，无描边色，设置其"不透明度"选项参数为50%，如下图所示。

STEP 05 使用"横排文字工具"为界面添加所需的文字，填充适当的颜色后放在合适的位置；然后绘制出图标并放在聊天气泡的左上角位置，最后利用图层组对其进行归类整理，如下图所示。

STEP 06 参考前面绘制聊天气泡、添加文字和图标的制作方式，为界面添加其余的聊天气泡元素，同时参考搜索栏的绘制方法绘制下方输入信息栏的形状，并使用图层组对其进行归类整理，在图像窗口中可以看到该界面的绘制效果，如右图所示。

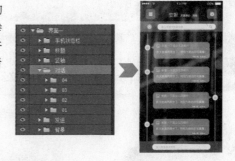

4 制作编辑短信界面 ▶

STEP 01 复制前面绘制完成的背景、搜索栏、按钮和聊天气泡等对象，并适当调整部分元素的大小，开始编辑短信界面的制作，如下图所示。

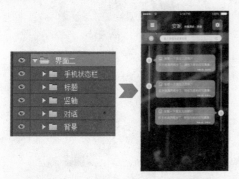

STEP 02 使用"矩形工具"绘制矩形，填充适当的颜色后降低其"不透明度"为25%；然后用"圆角矩形工具"绘制输入框，并填充白色，无描边色，如下图所示。

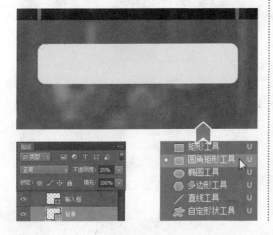

STEP 03 使用"圆角矩形工具"绘制按钮，并使用"描边"样式对按钮进行修饰；接着用"横排文字工具"输入所需文字，如下图所示。

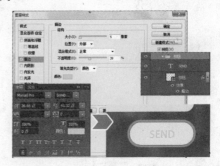

STEP 04 使用"横排文字工具"在适当的位置添加所需的文字，并打开"字符"面板设置文字属性；接着添加所需的图标，完成本例的绘制，如下图所示。

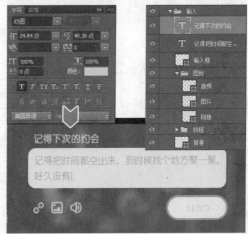

4.3 拍照及相册界面设计

移动设备通常都会配置摄像头，用户可以使用移动设备的相机拍照或摄影功能，将所见所闻记录下来。移动设备相机和相册的界面设计也是非常具有特色的，本节将通过具体的案例对其进行讲解。

源文件 随书资源包\源文件\04\拍照及相册界面设计.psd

4.3.1 依据功能确定界面设计要点：开放式、幻灯片

相机的功能就是利用画面对周围的环境和人物以及已经发生的事件进行记录，使其最大限度地保留下来。利用这个特点，本例设计之初将相机的拍摄画面设定为开放式的效果，即界面的四周没有标题栏和选项栏等对界面进行切分，让拍摄的画幅以满屏的形式呈现出来，而所需要的操作按钮以悬浮的方式显示在画面中。

除了相机的拍摄界面以外，相册界面设计也是一项具有挑战性的工作。相册的主要功能就是对拍摄的照片进行逐一展示，利用功能的相似性，对生活或者工作中所接触到的设备进行联想，可以发现幻灯片与其具有相同的特质，因此在进行相册界面设计时，使用幻灯片的外观来对其进行美化，进而创作出具有新意且独特的界面效果，具体构思如下图所示。

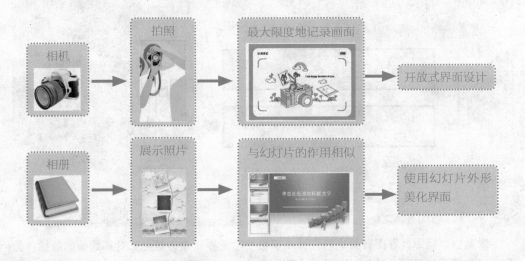

综上所述，本案例中所需要设计的界面效果如下图所示，可以看到相机的界面基本没有边框的修饰，并且图标和按钮都放在界面的两侧，不会影响到拍摄的视线；相册界面以幻灯片制作界面作为蓝本，通过类似幻灯片放映的方式展示出每一幅照片，让界面更具设计感和艺术感。

4.3.2 根据案例素材照片搭配界面色彩

本案例中相机的拍摄画面使用了开放式设计，将素材照片铺满了整个屏幕，因此，整个界面的色彩都会受到照片色彩的影响。对图标和按钮等对象进行颜色搭配时，最好选择明度较高，或者在照片中不经常出现的色彩，这样才能使其在界面中更为清晰和明显。相册界面由于受到相册分类的限制，因此在每个照片类别的缩览图上都添加了白色边框，由此让主要对象脱颖而出，其具体的配色如下图所示。

4.3.3 照片色彩决定界面风格：清爽、柔美

本案例以照片为界面背景进行设计，相机的拍摄界面中必然会有对焦线框的触控，为了让对焦线框与界面中其他对象风格一致，图标的设计都使用了线性的外观。相册的界面为了突出幻灯片式的播放效果，照片的边框、画幅等对象都使用了较为立体的外观来进行表现，具体效果如下图所示。

4.3.4 实例制作步骤解析

1 相机拍照界面的制作 ▶

STEP 01 新建文档，使用"矩形选框工具"创建选区，为选区创建颜色填充图层，设置填充色为白色，并使用"投影"图层样式对其进行修饰，如下图所示。

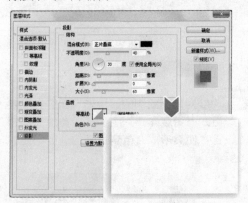

STEP 02 将所需的照片添加到文档中，将其图层命名为"照片"，接着在该图层上单击鼠标右键，在弹出的菜单中选择"创建剪贴蒙版"命令，对照片显示进行控制，如下图所示。

STEP 03 将"颜色填充"图层的图层蒙版图像载入到选区中，然后为选区创建色阶调整图层，设置RGB选项下的色阶值分别为0、1.28、255，如下图所示。

STEP 04 使用"钢笔工具"绘制界面上所需的图标，并分别填充不同的颜色；然后绘制出蓝绿色的矩形放在图标的下方，表示其为选中状态，如下图所示。

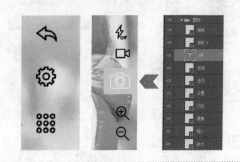

STEP 05 使用"矩形工具"绘制所需的对角线框，并填充适当的颜色；接着用"横排文字工具"添加所需的文字，放在线框的下方，如右图所示。

② 相册界面的制作 ▶

STEP 01 对前面创建的白色填充图层进行复制，并使用文字工具和形状工具绘制手机状态栏中所需的元素，开始相册界面的制作，在图像窗口中可以看到编辑的效果，如下图所示。

STEP 02 使用"矩形工具"绘制矩形，双击该图层打开"图层样式"对话框，在其中勾选"渐变叠加"复选框，设置参数改变矩形的填充色为渐变色，如下图所示。

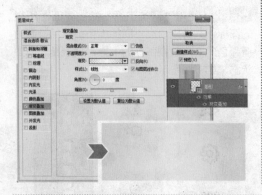

STEP 03 使用黑色的"画笔工具"绘制出阴影效果，并将绘制的"阴影"图层放在"矩形"图层的下方，在图像窗口可以看到编辑后的效果，如下图所示。

STEP 04 对前面绘制的"矩形"图层进行复制，更改"图层样式"中"渐变叠加"样式的设置，使其形成白色到透明的渐变，如下图所示。

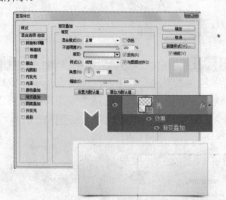

STEP 05 使用"矩形工具"绘制一个黑色的矩形，适当调整矩形的大小后放在适当的位置，在图像窗口中可以看到相册界面大致的效果，如下图所示。

提示 在Photoshop中按Ctrl+T快捷键可以打开自由变换框，它会将当前图层中的对象全部框选起来，用户只需调整自由变换框的大小，就能对图层中图像或者图形的大小进行调整。

STEP 06 将所需的照片添加到合适的位置，通过创建剪贴蒙版对其大小显示进行控制，并将编辑后的对象和背景界面组合在一起，如下图所示。

STEP 07 使用"矩形工具"绘制白色的矩形，并通过图层蒙版对其显示进行控制；接着使用"横排文字工具"添加所需的照片介绍文字，并放在界面中合适的位置，如下图所示。

STEP 08 使用"钢笔工具"绘制两个箭头形状，并分别使用"内阴影"和"渐变叠加"图层样式对其进行修饰，在图像窗口中可以看到编辑后的效果，如下图所示。

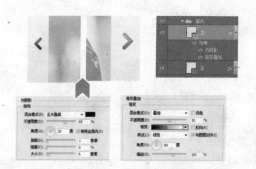

STEP 09 用"椭圆工具"绘制圆形，并利用"内阴影"、"渐变叠加"和"投影"样式对其进行修饰；接着复制编辑后的圆形，按照横向等距进行排列，如下图所示。

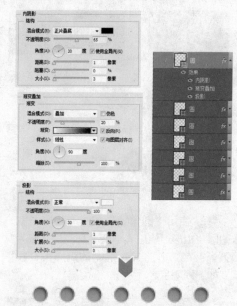

STEP 10 复制一个编辑完成后的圆形，为其添加"内发光"样式，并对"渐变叠加"样式中的设置进行更改，作为选中状态下的效果，如下图所示。

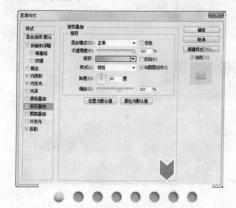

STEP 11 使用"椭圆选框工具"绘制出带有一定羽化边缘效果的椭圆形选区，并创建图层命名为"阴影"，为选区填充适当的颜色，并添加"颜色叠加"样式，如下图所示。

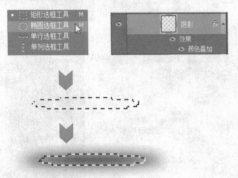

STEP 12 使用"圆角矩形工具"绘制长宽一致的圆角矩形，使用"渐变叠加"样式来为其填充渐变色，并将其与绘制的阴影组合在一起，如下图所示。

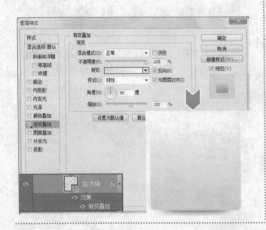

STEP 13 使用"圆角矩形工具"绘制一个较小的圆角矩形，将其放在合适的位置，作为照片放置的位置，在图像窗口可以看到编辑的效果，如下图所示。

STEP 14 将所需照片添加到界面中，并通过创建剪贴蒙版的方式对照片的大小进行控制，在图像窗口中可以看到编辑后的效果，如下图所示。

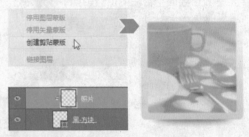

提示 剪贴蒙版也称为剪贴组，该命令是通过使用处于下方图层的形状来限制上方图层的显示状态，达到一种剪贴画的效果。

STEP 15 参照前面的制作方法，将其余照片添加到文档中，制作出照片缩览图效果，并按照等距的方式进行排列；最后将界面中绘制完成的对象组合在一起，在图像窗口中可以看到本例编辑的效果，如下图所示。

计算器界面设计

现在的移动设备将多种电子产品进行了融合，计算器就是融入移动设备的电子产品之一，它在移动设备中作为基础APP独立存在，是一个较为常用的应用程序。本节将通过案例来对其界面设计进行讲解。

源文件 随书资源包\源文件\04\计算器界面设计.psd

4.4.1 从功能入手定义界面主要元素：计算器

移动设备中的计算器是使用移动设备中的程序进行数据运算的一种工具软件，是一种虚拟的计算器，它与现实生活中的计算器一样，可以进行加、减、乘、除、开方、百分数等简单算术运算。移动设备中的计算器通过触摸屏幕中的按钮来实现操作。

计算器的主要功能为数据运算，为了让用户能够更为顺畅地对界面中的功能进行操作，并且让界面中的元素大小比例及外观与实体计算器相互吻合，使得操作更为熟悉，本例在设计过程中使用实体计算器作为创作原型。这样的设计方案更加符合人们的操作习惯，同时能够加快操作速度。在具体的设计中首先选择大量计算器进行参考，进行对比和分析后，选择较为常见的计算器外形进行绘制，具体如下。

观察大量配色、外形、质感、按钮各异的计算器

使用立体感的元素表现计算器中的按钮，让其表现更为真实，模拟现实生活中计算器的外形，并对计算器的功能按键和色彩进行简单创作，如左图所示

4.4.2 为计算器界面进行配色

在确定主要的界面元素之后，参考计算器模型对界面的主要配色进行设定，本例通过降低颜色明度和适当更改色相来确定配色的标准，利用对比鲜明的红色和绿色对界面的主要元素进行突显，具体如下图所示。

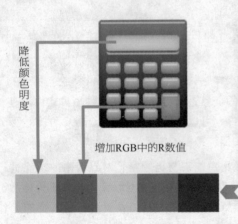

降低颜色明度

增加RGB中的R数值

4.4.3 确定计算器元素界面风格：真实、质朴

　　本案例追求的是一种拟真化的界面效果，模仿真实计算器的外观对界面进行设计，在设计中力求逼真和形象，故而可以判断本案例的界面风格为"真实"。在制作的过程中为设计的各个元素都添加了大量的图层样式，由此让界面展示出以假乱真的效果，其具体创作元素如下图所示。

信息显示框

图标

不同色彩、不同形状的按钮

立体的文字信息

4.4.4 实例制作步骤解析

① 制作界面背景及标题栏 ▶

STEP 01 新建文档，使用"矩形工具"绘制一个矩形，双击该图层，在打开的"图层样式"对话框中使用"渐变叠加"样式对其进行修饰，如下图所示。

STEP 02 使用文字工具和形状工具完成手机状态栏的制作，并为其填充适当的颜色，在图像窗口可以看到编辑后的效果，如下图所示。

提示　在进行移动设备UI视觉设计时，一些常用的元素，如电池图标、信号图标、WLAN图标等，可以事先将其进行存储，作为素材使用。

STEP 03 使用"圆角矩形工具"绘制一个圆角矩形，作为界面上方的选项栏背景，再使用"斜面和浮雕"、"外发光"、"投影"、"渐变叠加"和"内阴影"样式对其进行修饰，如下图所示。

STEP 04 绘制出界面上所需的图标，分别使用不同的"颜色叠加"样式对其进行修饰，同时添加相同设置的"投影"样式，如下图所示。

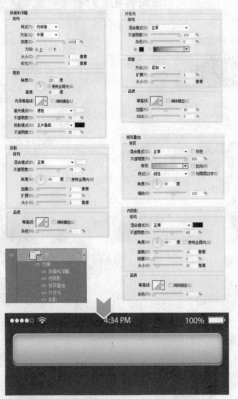

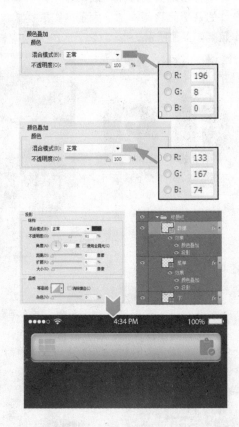

2 制作计算器界面 ▶

STEP 01 使用"圆角矩形工具"在界面中适当的位置绘制圆角矩形，并在该工具选项栏中调整绘制的圆角矩形的填充色，无描边色，在图像窗口中可以看到编辑的效果，如右图所示。

○ R:	163
○ G:	163
○ B:	163

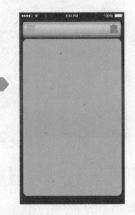

提示 在Photoshop中使用形状工具绘制图形的过程中，可以通过更改工具选项栏或者"属性"面板中的设置来改变形状填充色，也可以通过添加"颜色叠加"样式来更改填色效果。

STEP 02 绘制一个矩形，通过创建剪贴蒙版来控制图形的显示，并为该图层添加"内阴影"和"颜色叠加"图层样式，在图像窗口中可以看到编辑的效果，如下图所示。

STEP 03 使用"圆角矩形工具"绘制圆角矩形，并使用与选项栏背景相同的图层样式对其进行修饰，使其更具立体感，如下图所示。

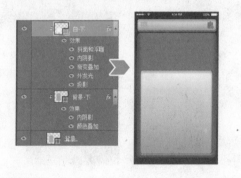

STEP 04 使用"钢笔工具"绘制所需的形状，并使用"内阴影"、"外发光"、"渐变叠加"和"投影"样式对其进行修饰，增强界面的层次感，如下图所示。

提示 若要丢弃图层样式中所添加的效果，可以通过右键菜单中的"清除图层样式"命令将其丢弃。

STEP 05 使用"圆角矩形工具"绘制计算器界面上的数字显示框，再使用"描边"、"内阴影"、"内发光"、"颜色叠加"和"投影"样式对其进行修饰，在图像窗口可以看到编辑效果，如下图所示。

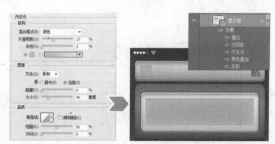

STEP 06 使用"横排文字工具"在适当的位置添加所需的数字,在"字符"面板中设置文字的属性,并使用"投影"样式对其进行修饰,在图像窗口中可以看到编辑的效果,如右图所示。

STEP 07 使用"圆角矩形工具"绘制出按钮的形状,再使用"描边"、"渐变叠加"和"投影"样式对其进行修饰,并分别对选项卡中的参数进行设置,如下图所示。

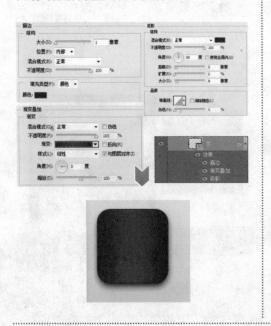

STEP 08 再次绘制一个圆角矩形,并使用"斜面和浮雕"、"内发光"、"内阴影"和"渐变叠加"样式对其进行修饰,并与STEP 07中绘制的形状组合在一起,如下图所示。

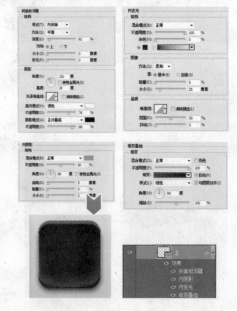

STEP 09 选择"横排文字工具"在按钮上适当的位置添加所需的数字,打开"字符"面板对文字的属性和颜色进行设置;接着双击文字图层,在打开的"图层样式"对话框中勾选"内阴影"复选框,并对相应选项卡中的参数进行设置,如下图所示。

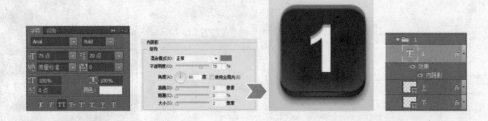

STEP 10 参考前面步骤绘制按钮的方式制作出界面中其余所需的按钮，并对按钮进行排列，在图像窗口中可以看到编辑后的效果，完成计算器界面的制作，如右图所示。

提示 在计算器按钮的制作过程中，一些按钮形状相同但数字不相同的按钮，可以通过对复制后的文本图层进行更改，达到创建新的按钮的目的。

③ 制作计算列表界面 ▶

STEP 01 对前面绘制完成的选项栏、界面背景和列表背景进行复制，适当调整个别元素的大小，开始计算列表界面的制作，如下图所示。

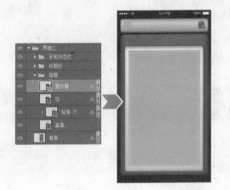

STEP 02 使用"横排文字工具"添加所需的文字，并打开"字符"面板对属性进行设置，利用"投影"样式对其进行修饰，如下图所示。

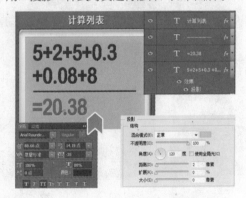

STEP 03 创建色彩平衡调整图层，在打开的"属性"面板中调整"中间调"选项下的色阶值分别为+8、-19、-41，对界面的整个颜色进行调整，在图像窗口可以看到编辑的最终结果，如右图所示。

单位换算界面设计

单位换算，是指同一性质的不同单位之间的数值换算，常用的单位换算有长度单位换算、重量单位换算、压力单位换算等，在设计该界面的过程中要注意把握界面的布局，以及菜单的设计。

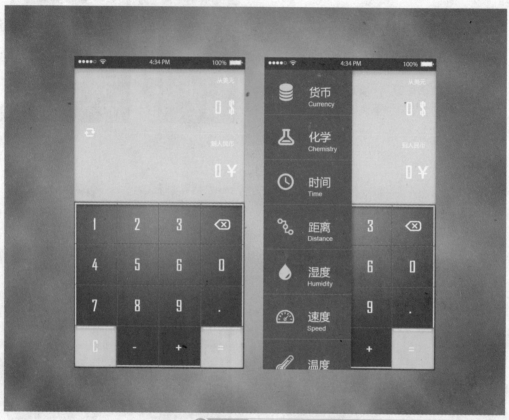

源文件 随书资源包\源文件\04\单位换算界面设计.psd

4.5.1 根据功能及作用定义界面主要元素：绿色、矩形

移动设备中的单位换算器集合了长度、面积、重量、温度等多种常用单位换算功能，并内置了能量、功率和压力等计量单位换算公式，不仅能满足日常生活中的一般使用，也能满足一定基础专业要求。

换算器可以对某个单位数量进行等量换算，工作原理与天平秤类似，因此很容易让人联想到绿色。绿色具有和平的意思，是很特别的颜色，它既不是冷色，也不是暖色，可以给人清新、希望、安全、平静、舒适的感觉，在本案例的设计中，将会使用绿色作为主要的色彩。

　　确定界面的颜色之后，鉴于单位换算器的操作和功能，本案例界面设计中将使用矩形作为主要的界面元素，并搭配外形较为刚硬的字体，使界面的风格统一，具体如下图所示。

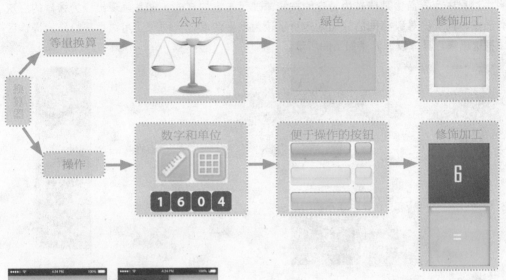

　　本案例中的单位转换器界面比较简洁，遵循了条理清晰的原则，主要分为两个部分，最顶端为待转换的单位，中间为要转换为的单位，侧面的菜单用来对需要转换的单位进行选择，界面下方是类似计算器的数字键盘，具体布局如左图所示。用户只需要选择好转换前后的单位，输入数字，即可得到换算结果。

4.5.2 使用不同明度的绿色和黑色进行配色

　　本案例在设计中使用质感较为强烈的绿色按钮作为设计元素，并与黑色进行搭配，通过绿色和黑色的明度变化来增加界面的层次，如下图所示。这种配色较少的界面可以让操作信息表现得更加明显，避免由于色彩较多而增加用户的思考时间。

4.5.3 双色搭配决定界面风格：清晰、醒目

通过对界面使用的色彩和元素形状进行分析，并且为了增强界面的设计感，本案例在制作过程中为界面中某些较为特殊的按钮添加了丰富的样式，使其呈现出较为强烈的层次和质感，而一些等级相同的按钮则运用了较为扁平的设计，同时使用边框将特殊的操作区域框选出来，具体设计元素如下图所示。

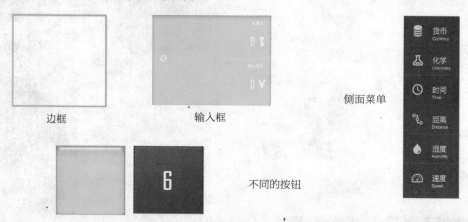

边框　　　　　　　　　　输入框　　　　　　　　　　侧面菜单

不同的按钮

4.5.4 实例制作步骤解析

1 换算界面的绘制 ▶

STEP 01 新建文档，使用"矩形工具"绘制界面背景，通过"渐变叠加"样式为其填充渐变色，并添加手机状态栏，开始换算界面的绘制，如下图所示。

STEP 02 使用"矩形工具"在适当的位置单击并拖曳，绘制出所需大小的矩形，填充适当的颜色，无描边色，在图像窗口中可以看到编辑效果，如下图所示。

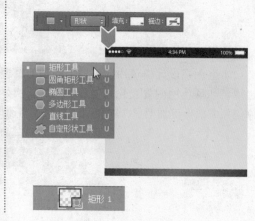

STEP **03** 双击绘制的"矩形"形状图层，在打开的"图层样式"对话框中勾选"内阴影"和"内发光"复选框，并对相应的选项进行设置，如下图所示。

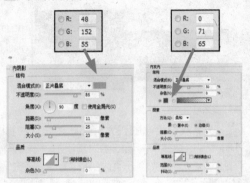

STEP **04** 添加"颜色叠加"图层样式，设置颜色为R138、G255、B0，在"图层"面板中设置"填充"为85%，在图像窗口中可以看到编辑的效果，如下图所示。

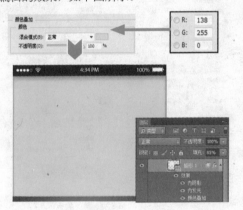

STEP **05** 使用"矩形工具"绘制所需的矩形，填充白色，无描边色，并在"图层"面板中设置"不透明度"选项参数为30%，如下图所示。

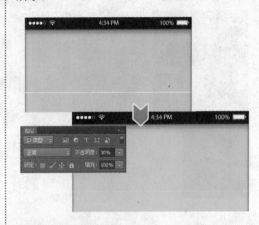

STEP **06** 为绘制的"矩形"形状图层添加图层蒙版，选择"渐变工具"，在其选项栏中设置黑色到白色的线性渐变，对图层蒙版进行编辑，如下图所示。

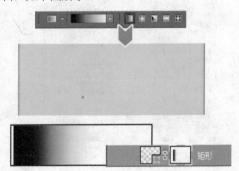

STEP **07** 使用"横排文字工具"在适当的位置单击并输入所需文字，打开"字符"面板对文字的属性进行设置，并添加所需的图标，在图像窗口可以看到编辑的效果，如下图所示。

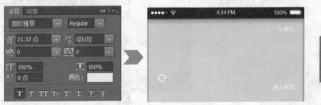

STEP **08** 使用"横排文字工具"在适当的位置单击并输入所需文字,打开"字符"面板,对文字的字体、字号、颜色等进行设置,在图像窗口中可以看到编辑的效果,如下图所示。

STEP **09** 使用"矩形工具"绘制所需矩形,为其添加"斜面和浮雕"、"描边"、"内阴影"和"投影"样式,并设置"填充"选项的参数为0%,如下图所示。

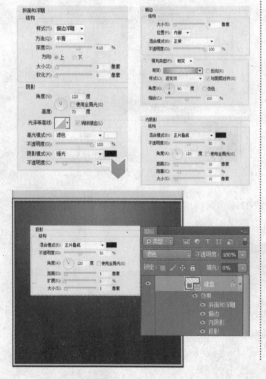

STEP **10** 选择"矩形工具",按住Shift键的同时,在适当的位置单击并进行拖曳绘制一个正方形,并在"图层"面板中设置"填充"为85%,如下图所示。

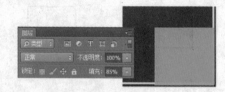

STEP **11** 双击绘制的正方形形状图层,在打开的"图层样式"对话框中为其添加"斜面和浮雕"、"内发光"、"内阴影"、"光泽"和"颜色叠加"样式,如下图所示。

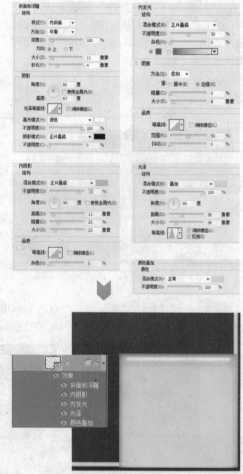

STEP 12 选中绘制的正方形形状图层，按下 Ctrl+J 快捷键，对其进行复制，适当调整其位置，然后在"图层"面板中更改图层的名称，在图像窗口中可看到编辑后的效果，如下图所示。

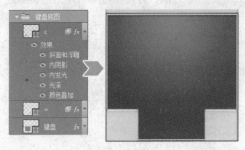

STEP 13 使用"横排文字工具"在适当的位置单击，输入所需文字，打开"字符"面板，对文字的属性进行设置，在图像窗口中可以看到编辑的效果，如下图所示。

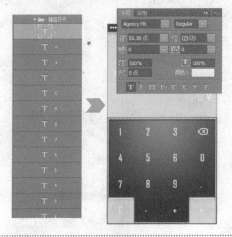

STEP 14 使用"矩形工具"绘制出一个细长的矩形，双击该图层，在打开的"图层样式"对话框中为其添加"投影"图层样式，如下图所示。

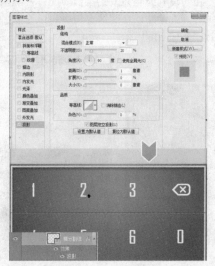

STEP 15 对绘制的细长矩形进行复制，适当地调整每个矩形条的位置，使其等距地分布在数字上，在图像窗口中可以看到编辑的效果，如下图所示。

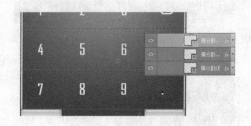

STEP 16 再复制一个矩形条，单击鼠标右键，在打开的快捷菜单中选中"旋转90度（顺时针）"命令，对旋转后的矩形条进行复制，并按照适当的距离进行排列，在图像窗口可以看到编辑的效果，如右图所示。

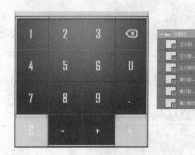

② 侧面菜单界面的绘制 ▶

STEP 01 对前面绘制的界面进行细微的调整，接着复制绘制完成的换算界面，开始侧面菜单界面的绘制，在图像窗口中可以看到编辑的效果，如下图所示。

STEP 02 使用"矩形工具"绘制出所需的矩形，填充颜色R49、G49、B49，无描边色，并使用"投影"样式对其进行修饰，在图像窗口中可以看到编辑的效果，如下图所示。

STEP 03 绘制出所需矩形条，双击绘制得到的图层，在打开的"图层样式"对话框中勾选"投影"复选框，并对相应的选项进行设置，如下图所示。

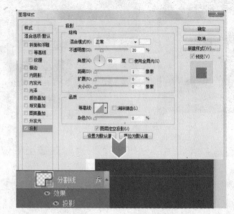

STEP 04 对绘制的矩形条进行复制，通过执行"图层>对齐>水平居中"命令和"图层>分布>垂直居中"命令对其分布效果和对齐效果进行控制，如下图所示。

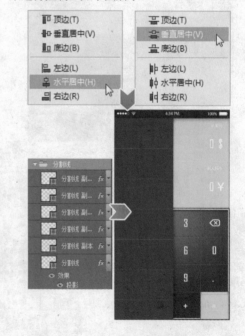

STEP 05 使用"钢笔工具"在适当的位置绘制所需图标，并等距排列在界面的左侧，在图像窗口中可以看到编辑后的效果，如下图所示。

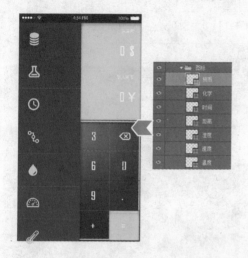

STEP 06 使用"横排文字工具"在适当的位置单击，输入所需文字，并打开"字符"、"段落"面板对文字的行间距、字间距、字体和字号进行设置，如下图所示。

STEP 07 使用"横排文字工具"在适当的位置单击，输入所需的英文文本，接着打开"字符"面板设置文字属性，在图像窗口中可以看到编辑的效果，如下图所示。

STEP 08 将"背景"图层中的对象载入选区，单击"图层"面板中的"添加图层蒙版"按钮，添加图层蒙版对界面的显示效果进行控制，如下图所示。

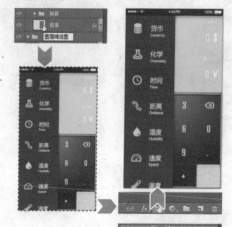

提示 在图像中添加合适的文字后，单击工具选项栏中的"提交所有当前编辑"按钮，结束对文字的编辑。

4.6 录音机界面设计

移动设备中的录音机功能与现实生活中的录音机功能是一样的，都是对声音进行记录，将其保留下来以便重新播放，但是移动设备中的录音机操作更简便和科学，其免去了记录声音所需的耗材，是移动设备中常用的程序之一。

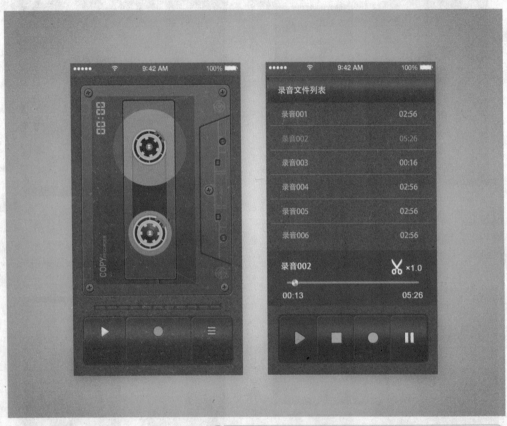

源文件 随书资源包\源文件\04\录音机界面设计.psd

4.6.1 根据现实操作定义主要元素：磁带

与移动设备中的录音机程序不同，现实生活中的录音机以硬磁性材料为载体，利用磁性材料的剩磁特性将声音信号记录在载体上，一般都具有重放功能，家用录音机大多为盒式磁带录音机，磁带录音机主要由机内话筒、磁带、录放磁头、放大电路、扬声器、传动机构等部分组成，这些基础组成元素都有各自的特点，大部分都能体现出录音机的特征。但是移动设备的界面设计受到尺寸的限制，所以只能从中选择设计空间最大的一个来进行创作。

话筒是最为常见的录音机界面设计元素，本例选择磁带作为界面的主要元素，通过磁带转动的效果来表现录制的过程，显得新意十足，具体如下图所示。

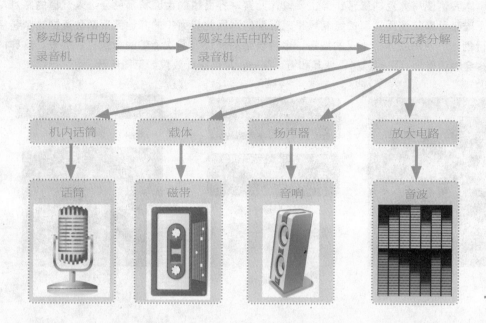

4.6.2 参照磁带素材对界面进行配色

现在市面上可以见到的磁带越来越少，在收集磁带素材的过程中可以发现，大部分的磁带都以黑色和暗红色的配色为主，因此本案例设计将磁带元素的主要配色设定为黑色，使用暗红色作为辅助配色，进而通过明暗调整使其呈现质感，具体如下图所示。

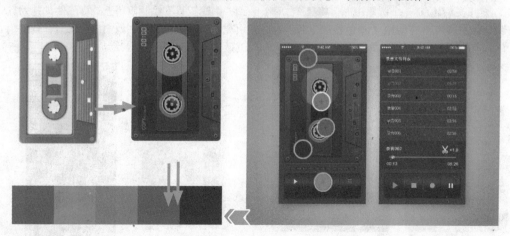

4.6.3 黑色磁带元素决定界面风格：冷调、质感

本案例使用黑色的磁带作为主要设计元素，界面中的大面积黑色会给人沉稳的感觉，由于磁带元素是使用逼真的绘制风格来表现的，因此界面中的其他元素都会遵循这个特点进行创作，使用立体感十足的按钮、金属质感的滑块、层次清晰的标题栏和列表，这样的安排会协调整个界面的风格，使其和谐、统一，具体设计效果如下图所示。

磁带元素

不同大小的按钮

播放滑块

标题栏

列表样式

4.6.4 实例制作步骤解析

 磁带元素的绘制 ▶

STEP 01 新建文档，使用"圆角矩形工具"在适当的位置绘制一个圆角矩形，将其作为磁带元素的背景，并使用"颜色叠加"和"投影"样式对其进行修饰，如下图所示。

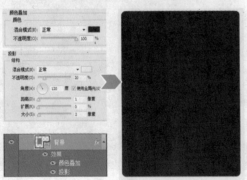

STEP 02 使用"矩形工具"、"椭圆工具"和"钢笔工具"绘制磁带上的零部件，并为其填充适当的颜色，在图像窗口中可以看到编辑的效果，如下图所示。

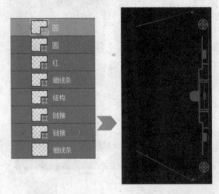

STEP 03 使用"钢笔工具"绘制出磁带左侧的两个凹槽形状,并放在适当的位置,然后使用"颜色叠加"图层样式对其颜色进行修饰,在图像窗口可以看到编辑的效果,如下图所示。

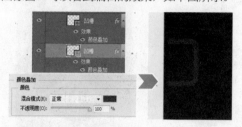

STEP 04 新建文档,再绘制一个圆角矩形,使用"内阴影"、"内发光"和"渐变叠加"图层样式对其进行修饰,并将"图层"面板中的"不透明度"选项设置为70%,如下图所示。

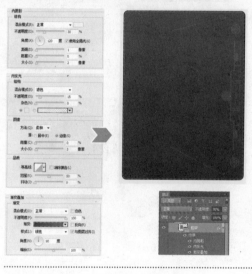

STEP 05 使用"钢笔工具"和"椭圆工具"通过对形状进行加减操作绘制磁带暗部的背景,并填充黑色,无描边色,设置"不透明度"选项为60%,如下图所示。

STEP 06 为界面添加所需的磁带厚度素材,或者使用"椭圆工具"绘制图形,并通过"渐变叠加"样式对其应用多色的径向渐变来达到效果,如下图所示。

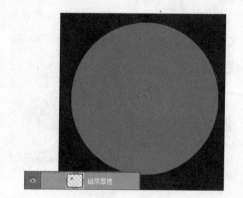

STEP 07 选择工具箱中的"椭圆工具",在磁带厚度的中心位置绘制一个黑色的圆形,无描边色,使其中心与STEP 06绘制的图形中心重合,在图像窗口中可以看到编辑的效果,如下图所示。

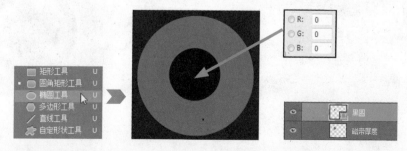

STEP 08 使用"矩形工具"绘制出磁带中心的扇形，应用"内阴影"、"渐变叠加"和"投影"样式对其进行修饰，并对各个选项卡中的参数进行设置，如下图所示。

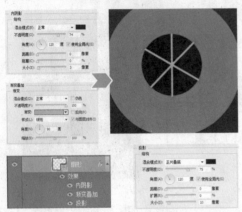

STEP 09 使用"钢笔工具"绘制出磁带中心点所需的形状，使用"内阴影"、"渐变叠加"和"投影"图层样式对其进行修饰，并对各个选项卡中的参数进行设置，如下图所示。

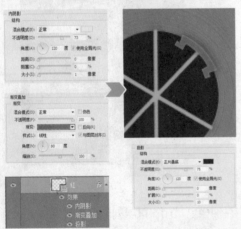

提示 在Photoshop中应用"钢笔工具"和"自由钢笔工具"均可以绘制自由路径，只是前者主要通过锚点来调整路径，而后者则不需要创建锚点。

STEP 10 使用"椭圆工具"通过对形状进行加减的方式绘制所需的缺口圆环形状，并用"内阴影"、"渐变叠加"和"投影"样式进行修饰，如下图所示。

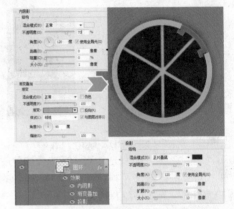

STEP 11 使用"椭圆工具"绘制一个圆形，设置其填充色为黑色，无描边色，放在适当的位置，在图像窗口中可以看到编辑的效果，如下图所示。

STEP 12 使用"钢笔工具"绘制出磁带中心的锯齿形状，参考前面的"图层样式"的相关设置，为其添加"内阴影"、"渐变叠加"和"投影"样式，如下图所示。

STEP 13 使用"椭圆工具"在适当的位置绘制一个小的圆形,并应用"内阴影"、"颜色叠加"、"渐变叠加"和"投影"样式对其进行修饰,如下图所示。

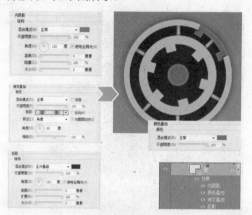

STEP 14 再绘制一个圆形,放在界面适当的位置,通过"图层样式"对话框中的"渐变叠加"及"投影"样式进行修饰,在图像窗口可以看到编辑的效果,如下图所示。

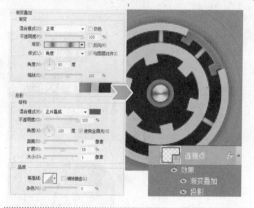

STEP 15 使用"椭圆工具"绘制一个圆环,并应用"内阴影"、"渐变叠加"和"投影"样式,并在相应的选项卡中进行参数设置进行修饰,如下图所示。

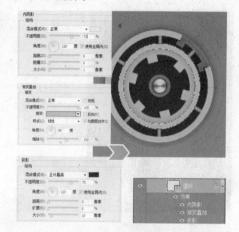

STEP 16 完成了上述所有的操作后,在图像窗口中适当调整各个元素的位置,并创建图层组对绘制的图层进行归类,在"图层"面板中可以看到操作的结果,如下图所示。

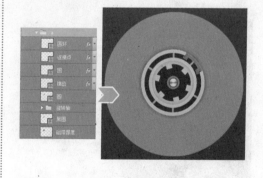

STEP 17 参考前面的绘制方法,通过对图层组进行复制,制作出界面上所需的另外一个磁带倒带中心轴,并放在界面适当的位置,在图像窗口中可以看到编辑的效果,如右图所示。

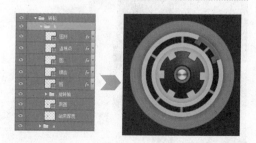

STEP 18 使用"圆角矩形工具"绘制一个所需的形状，并使用"颜色叠加"和"投影"样式进行修饰，同时调整其"不透明度"为79%，如下图所示。

STEP 20 绘制磁带的外壳，降低其"不透明度"选项为80%，使用"渐变叠加"和"投影"样式进行修饰，并对相应选项卡中的参数进行设置，如下图所示。

STEP 19 再在适当的位置绘制圆角矩形，使用"内发光"、"渐变叠加"和"投影"样式对其进行修饰，并在"图层"面板中设置"不透明度"为44%，如下图所示。

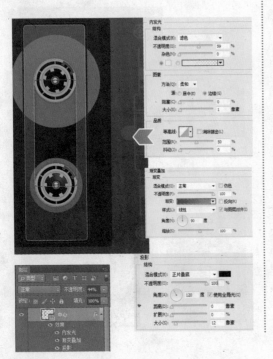

STEP 21 使用"椭圆工具"和"圆角矩形工具"绘制所需的螺丝钉形状，并分别对各个形状使用不同的图层样式进行修饰，在图像窗口可看到编辑效果，如下图所示。

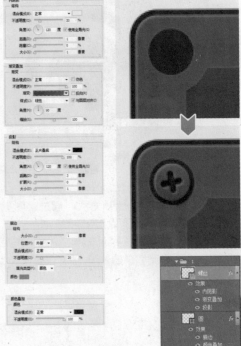

STEP 22 对前面绘制的螺丝钉形状进行复制，将其放在磁带图形上适当的位置，作为磁带上的零件，在图像窗口中可以看到编辑的效果，如下图所示。

STEP 23 参考前面的绘制和相关的设置，绘制磁带右侧的修饰细节，让整个元素更具层次感，通过配套光盘本案例的源文件可以看到相关的设置参数，如下图所示。

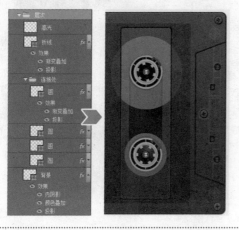

STEP 24 使用"竖排文字工具"在适当的位置单击并输入所需文字，并在"字符"面板中对其属性进行设置，最后调整文字的角度，如下图所示。

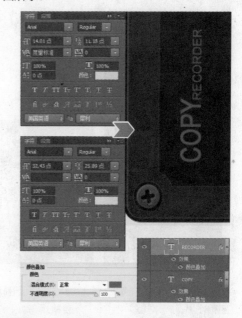

STEP 25 绘制出所需的时间标识，放在界面上适当的位置，并使用"颜色叠加"样式对其进行修饰，如下图所示。

STEP 26 在文字的中间绘制所需的连接形状，使用"颜色叠加"样式对其填充色进行更改，在图像窗口中可以看到编辑的效果，如下图所示。

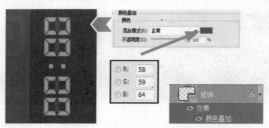

② 制作录音界面 ▶

STEP 01 使用"矩形工具"绘制出所需的界面背景，并使用"图案叠加"样式进行修饰，然后将绘制的磁带放在界面上，并添加手机状态栏素材，如下图所示。

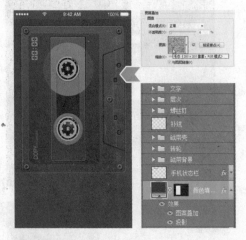

STEP 02 使用"圆角矩形工具"在界面的顶部单击并进行拖曳，绘制一个圆角矩形，为其填充黑色，无描边色，在图像窗口中可以看到编辑后的效果，如下图所示。

STEP 03 使用"圆角矩形工具"绘制按钮的形状，应用"斜面和浮雕"、"渐变叠加"和"图案叠加"样式对其进行修饰，并降低"不透明度"为50%，如下图所示。

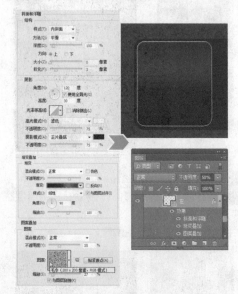

STEP 04 参照上述步骤的操作方法，绘制其余按钮，并放在界面上适当的位置，在图像窗口中可以看到按钮绘制后的效果，如下图所示。

STEP 05 使用"钢笔工具"、"椭圆工具"和"圆角矩形工具"在适当的位置绘制按钮上的图形，并使用相应的图层样式对其进行修饰，在图像窗口中可以看到编辑的效果，如下图所示。

STEP 06 使用"椭圆工具"绘制出界面中间部位的虚线效果，使用图层样式对其进行修饰，并使其整齐地排列在一起，在图像窗口中可以看到编辑后的效果，如下图所示。

3 制作列表界面 ▶

STEP 01 对前面绘制完成的界面背景、按钮等进行复制，适当调整按钮的大小，并添加其他按钮，开始录音列表的绘制，如下图所示。

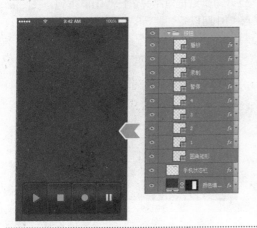

STEP 02 使用"圆角矩形工具"绘制出滑块的外形，通过"描边"、"内阴影"和"渐变叠加"样式对其进行修饰，在图像窗口中可以看到编辑效果，如下图所示。

STEP 03 使用"椭圆工具"绘制滑块上的滑动按钮，使用"斜面和浮雕"、"描边"、"渐变叠加"和"投影"样式对其进行修饰，并分别在相应的选项卡中对参数进行设置，如下图所示。

   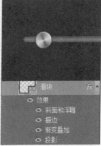

STEP 04 使用"横排文字工具"在适当的位置单击并输入所需的文字，打开"字符"面板设置文字的属性，并使用"内阴影"样式对文字进行修饰，如下图所示。

STEP 06 使用"矩形工具"绘制所需的选项栏背景，使用"斜面和浮雕"、"渐变叠加"、"图案叠加"样式对其进行修饰，并在相应选项卡中设置参数，如下图所示。

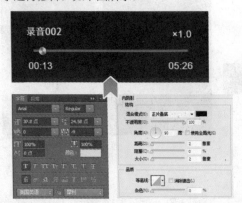

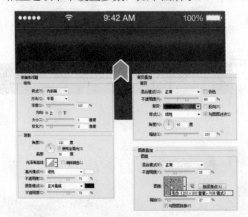

STEP 05 为界面绘制所需的剪刀形状，并放在界面上适当的位置，使用"内阴影"和"投影"样式对其进行修饰，在图像窗口中可以看到编辑后的效果，如下图所示。

STEP 07 使用"矩形工具"绘制出所需的矩形条，对其进行复制并进行等距离排列，在图像窗口中可以看到编辑的效果，如下图所示。

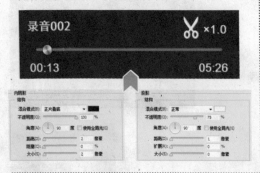

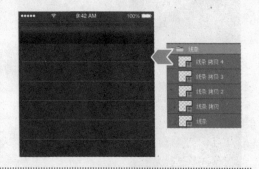

STEP 08 选择工具箱中的"横排文字工具"，在界面上适当的位置单击，输入所需的文字，并打开"字符"面板对文字的字体、字号、字间距等进行设置，完成本例的编辑，如下图所示。

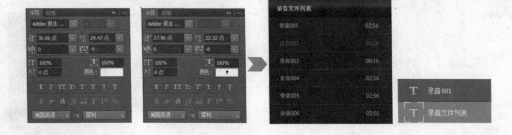

收音机界面设计

现在的移动设备基本都配置有收音机软件，它依靠耳机作为天线，可以自由切换和寻找可以接收到的电台，并能够对接收到的信号进行存储。本节将通过具体的案例对收音机界面的设计进行讲解。

源文件 随书资源包\源文件\04\收音机界面设计.psd

4.7.1 通过形象思维具象化设计元素：电磁波

形象思维是对形象信息传递的客观形象体系进行感受、储存的基础上，结合主观的认识和情感进行识别，并用一定的形式、手段和工具创造和描述形象的一种基本的思维形式。

本案例将设计和制作收音机界面，在创作之前，应该先对收音机的工作原理进行了解。收音机是依靠电磁波来进行数据传输的，电磁波是一种抽象的事物，而界面设计依靠视觉进行表达，因而我们需要将抽象的电磁波用具体的形状表现出来。

电磁波在空间中以波的形式移动，会形成不同高度和不同频率的波，所以本案例利用波的外形来定义收音机界面中的主要元素，并通过创意联想对其进行美化和设计，具体如下图所示。

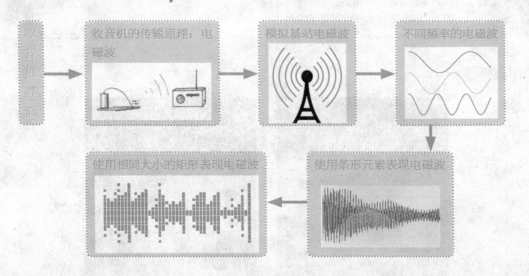

4.7.2 根据收音机的颜色进行配色

在确定了界面的主要设计元素之后，接下来根据收音机的色彩来对界面的色彩进行定义。本案例使用黑白灰来对界面中的大部分对象进行上色，并通过在界面中添加少量的铸石粉来表现重要的设计元素，这也是从实体收音机的配色中得到的灵感，具体如下图所示。

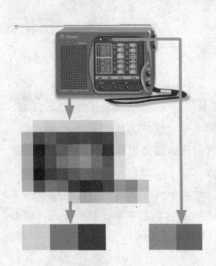

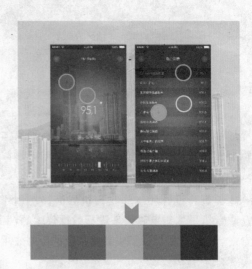

4.7.3 都市照片和矩形电磁波定义界面风格：时尚、简约

　　本例将界面的主要设计元素定义为电磁波，将电磁波用简易单色的矩形块组合而成，并通过使用都市建筑照片来对界面背景进行辅助表现，因此整个设计都将围绕着简约展开，把简约的设计元素和摩登的都市建筑搭配在一起，让设计元素之间形成风格和个性的碰撞，使得界面更富美感。本例在设计和制作中使用单色窄小的线条来进行创作，具体效果如下图所示。

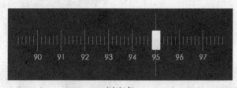

刻度条

相同大小矩形组成的电磁波

半透明圆形与图标组成的按钮

图标

4.7.4 实例制作步骤解析

1 调频界面的绘制

STEP 01 新建文档，绘制一个界面背景，并使用"渐变叠加"样式对其进行修饰，接着添加建筑背景，通过创建剪贴蒙版进行大小控制，并设置图层属性，如下图所示。

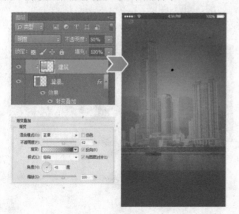

STEP 02 使用"矩形工具"绘制若干个矩形块，并填充适当的颜色，然后对绘制的方块进行复制，翻转后降低"不透明度"为20%，如下图所示。

STEP 03 使用"横排文字工具"在适当的位置单击并输入所需的文字，打开"字符"面板对文字的字体、字间距、颜色等进行设置，如下图所示。

STEP 04 使用"椭圆工具"和"钢笔工具"绘制界面顶部的按钮，填充适当的颜色，并将圆形图形的"不透明度"设置为10%，在图像窗口中可看到编辑效果，如下图所示。

STEP 05 使用"椭圆工具"绘制出所需的圆形，填充白色，设置"填充"为10%，并为其添加"描边"图层样式，然后放在界面适当的位置，如下图所示。

STEP 06 使用"椭圆工具"绘制所需的圆形，双击该图层，在打开的"图层样式"对话框中为其应用"内阴影"、"渐变叠加"和"投影"图层样式，如下图所示。

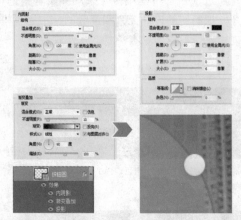

STEP 07 使用"椭圆工具"绘制出一个较小的圆形，填充颜色R224、G187、B197的颜色，无描边色，并放在适当的位置，在图像窗口中可看到编辑的效果，如下图所示。

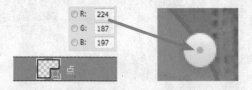

STEP 08 使用"横排文字工具"在适当的位置单击并输入所需的文字，打开"字符"面板设置文字的属性，在图像窗口中可以看到编辑的效果，如下图所示。

STEP 09 使用"横排文字工具"在适当的位置单击，输入所需的文字，打开"字符"面板设置文字的字体、颜色和字间距等，在图像窗口中可以看到编辑后的结果，如下图所示。

STEP 10 参考前面绘制按钮的方式，绘制出所需的控件按钮，将其放在文字的两侧，并使用"图层"面板控制图像的显示效果，在图像窗口中可以看到编辑的效果，如下图所示。

STEP 11 使用"钢笔工具"绘制所需的图标，填充白色，如下图所示。也可以通过添加素材的方式完成所需图标的添加。

STEP 12 使用"矩形工具"绘制出所需的形状，填充颜色R62、G56、B68，无描边色，并在"图层"面板中设置其"不透明度"选项为30%，如下图所示。

STEP 13 使用"矩形工具"绘制刻度，按照相同的间距进行排列，将其作为收音频率的刻度，在图像窗口中可以看到编辑后的效果，如下图所示。

STEP 14 使用"横排文字工具"在适当的位置单击并输入所需的数字，打开"字符"面板设置文字的属性，并将文字整齐地排列在一起，如下图所示。

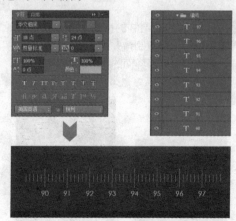

STEP 15 使用"矩形工具"绘制调节线，填充颜色R182、G61、B93，无描边色，并放在适当的位置，在图像窗口可以看到编辑的效果，如下图所示。

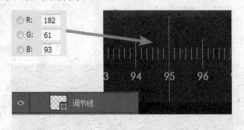

STEP 16 使用"圆角矩形工具"绘制出所需的按钮，双击该图层，在打开的"图层样式"对话框中添加"内阴影"、"投影"和"渐变叠加"样式，如下图所示。

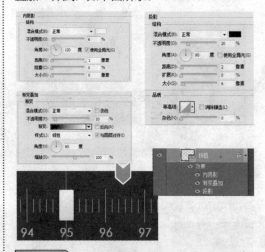

STEP 17 使用"圆角矩形工具"绘制按钮上的矩形条，并为得到的形状图层填充上适当的颜色，如下图所示。

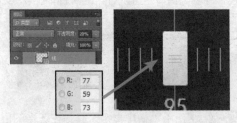

提示 "圆角矩形工具"选项栏中的"半径"用来调整圆角的半径，参数越大，圆角的弧度就越大；反之，参数越小，圆角的弧度就越小。

② 电台列表界面的绘制 ▶

STEP 01 对前面绘制的按钮、手机状态栏、界面背景等进行复制，并添加"电台列表"字样，开始电台列表界面的制作，如下图所示。

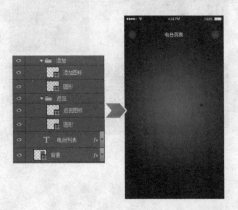

STEP 02 使用"矩形工具"绘制出黑色的形状，无描边色，放在界面中适当的位置，并在"图层"面板中降低其"不透明度"选项的参数为30%，如下图所示。

STEP 03 使用"矩形工具"绘制一个填充色为R255、G243、B194，无描边色，放在界面中适当的位置，并在"图层"面板中降低其"不透明度"为2%，如下图所示。

STEP 04 复制前面绘制的矩形，适当调整每个矩形之间的距离，将其整齐地放在界面中，在图像窗口中可以看到编辑的效果，如下图所示。

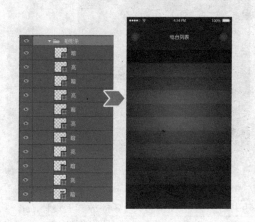

STEP 05 使用"横排文字工具"在适当的位置单击，输入所需的文字，打开"字符"面板对文字的属性进行设置，在图像窗口中可以看到编辑的效果，如下图所示。

STEP 06 使用"横排文字工具"在适当的位置添加所需的电台名称和波频，填充白色后放在适当的位置，并用图层组对其进行归类，如下图所示。

STEP 07 将所有文字图层添加到"文字"组中，双击"文字"图层组，在打开的"图层样式"对话框中勾选"投影"复选框，为其添加阴影效果，完成本案例的绘制，如右图所示。

音乐播放界面设计

音乐播放器是一种在移动设备上可以播放多种格式声音文件的软件，当今的音乐播放软件正在向更为人性化的方向发展，它不仅仅是一个听歌的工具，还可以在了解歌曲信息的同时给人带来视觉上的享受。

源文件 随书资源包\源文件\04\音乐播放界面设计.psd

4.8.1 发散思维寻找界面主要元素：CD光盘

发散思维又称"辐射思维"、"放射思维"、"多向思维"、"扩散思维"或"求异思维"，是指从一个目标出发，沿着各种不同的途径去思考，探求多种答案的思维，与聚合思维相对。

本例将设计和制作的播放器界面，当提到播放器时，人们脑海中也许会浮现出很多事物，在这些零散的思维中，很难对界面进行有效的创作，因此，在进行设计之前，应该通过发散思维对与播放器相关的元素进行归纳和联想，提炼出有价值的创作元素，通过对具体元素进行美化来完成设计。

对播放器这一元素进行联想，我们很快会想到与其相关的元素，即歌曲、载体、歌手和播放器软件，接着我们再对这四个元素进行分开的联想，扩展出更多的与播放器相关的元素，如下图所示，可以看到由此我们获得了大量的信息。

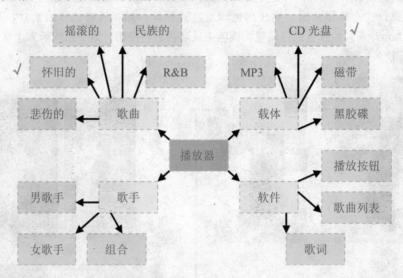

从上图的发散思维图中，提取"怀旧的"和"CD光盘"作为设计元素，因为我们发现这两个对象更具特点，"怀旧的"这一词语会让我们对色彩更为敏感，而"CD光盘"的外形是非常有特点和代表性的，也是承载歌曲的载体中最为独具一格的事物。

4.8.2 用复古色调的照片进行配色

　　本例在设计和制作中，使用照片作为界面的背景，因此，照片的色调直接关系到界面的色调。在选择照片时，要使用色调复古的照片，如果没有这样的素材，可以先使用Photoshop对照片的颜色进行调整，调色完成后再进行使用，如下图所示为本案例的配色解析示意图。

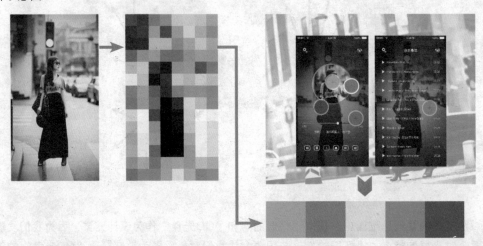

4.8.3 复杂背景决定界面元素风格：简单

　　由于本案例使用了怀旧色调的照片作为界面的背景，因此照片中的复杂元素势必会让界面充实起来，而界面中除了背景还会包含很多其他设计元素，为了让这些元素都清晰地表现出来，在设计的过程中将这些元素都以单色来进行表现，同时使用与照片背景颜色亮度反差较大的橡皮红和白色进行填充，让整个设计层次清晰且主次分明，将所要表达的对象完整呈现，其具体的设计效果如下图所示。

不同功能的播放控制按钮

光盘元素

播放滑块

操作按钮　　　　　文本列表

4.8.4 实例制作步骤解析

1 播放界面的制作▶

STEP 01 新建文档，使用"矩形工具"绘制界面的背景，并应用"渐变叠加"样式对其进行修饰，接着添加所需的手机状态栏素材，开始播放界面的制作，如下图所示。

STEP 02 将所需的照片素材添加到文档中，通过创建剪贴蒙版的方式对其显示效果进行控制，并降低其"不透明度"选项的参数为50%，在图像窗口可以看到编辑效果，如下图所示。

提示 图层的"不透明度"用于控制整个图层中图像的显示程度，包括图层中的图像、形状以及图层样式的整体显示。

STEP 03 使用"椭圆工具"绘制一个白色的圆形，放在界面适当的位置后设置其"不透明度"选项的参数为42%，将其作为CD光盘的背景，如下图所示。

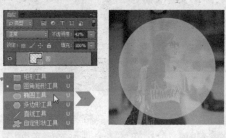

STEP 04 用"钢笔工具"绘制出弧形的形状，填充适当的颜色，无描边色，调整其"不透明度"选项的参数为42%，在图像窗口中可看到编辑效果，如下图所示。

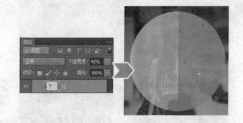

STEP 05 将素材照片再次添加到文档中，使用"椭圆选框工具"创建圆形的选区，再为选区添加图层蒙版，对图层的显示效果进行控制，如下图所示。

STEP 06 选择工具箱中的"自定形状工具",选择其中的"圆形边框"形状,在适当的位置绘制CD光盘的中心,并填充白色,然后降低"不透明度"为40%,如下图所示。

STEP 07 绘制两个圆形,将其"填充"参数设置为0%,分别为这两个圆形添加"描边"样式,并分别对描边设置进行调整,然后将编辑后的圆形放在适当的位置,如下图所示。

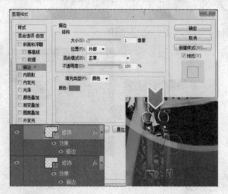

STEP 08 使用"椭圆工具"绘制圆形,填充适当的颜色后使用"投影"样式对其进行修饰,并放在界面适当的位置,在图像窗口可看到编辑的结果,如下图所示。

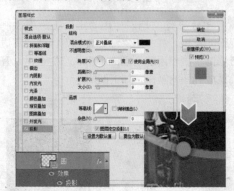

STEP 09 绘制界面上所需的播放控件图标,填充白色,然后选择其中的"播放"图标,为其添加"描边"和"颜色叠加"样式,如下图所示。

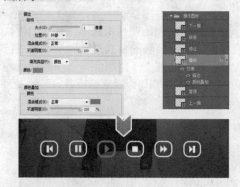

STEP 10 使用"矩形工具"和"椭圆工具"绘制出界面上的播放滑块,分别填充上不同的颜色,并调整黑色矩形的"不透明度"选项参数为40%,在图像窗口可以看到编辑后的结果,如下图所示。

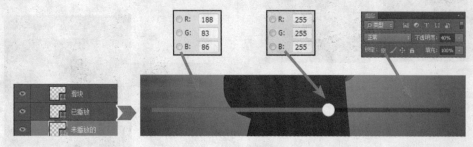

STEP **11** 使用"横排文字工具"在适当的位置单击，输入所需的文字，打开"字符"面板分别对文字的属性进行调整，并将文字放在滑块的附近，如下图所示。

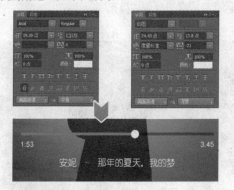

STEP **12** 使用形状工具绘制界面顶部所需的菜单图标和音量调节图标，填充上白色，无描边色，然后放在界面上适当的位置，在图像窗口可以看到编辑的效果，如下图所示。

② 制作彩色标签 ▶

STEP **01** 对前面绘制完成的界面背景、手机状态栏和图标进行复制，开始歌单界面的制作，为该界面添加文字，并使用"投影"样式进行修饰，如下图所示。

STEP **02** 绘制界面所需的播放、暂停图标，分别填充上不同的颜色，并按照垂直等距的方式排列在界面的左侧，如下图所示。

STEP **03** 使用"横排文字工具"在界面上添加所需的歌曲名称和时间，并设置文字的字体和字间距，最后为文字添加"投影"样式进行修饰，完成本例的制作，如右图所示。

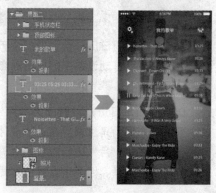

日历界面设计

移动设备中的日历是对多种功能的一种组合,它可以提供天气预报、公农历对应、假日节气查询、放假安排查询及预订火车票等生活化的功能,还可以帮助用户便捷地查询各类生活信息,因此其界面设计更注重布局。

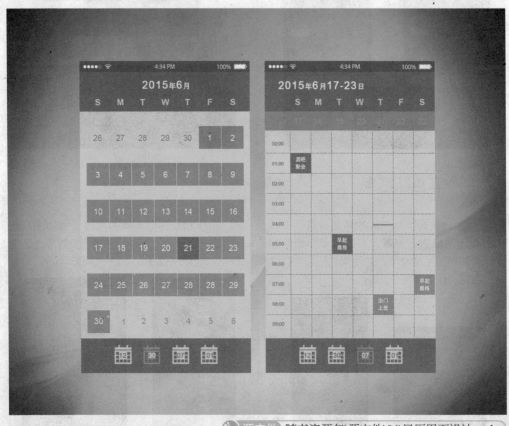

源文件 随书资源包\源文件\04\日历界面设计.psd

4.9.1 根据界面内容的限制来敲定界面布局:棋盘式

现实生活中的日历只供人们对公历、农历、节假日等信息进行查询,它可以实现的功能非常简单,而移动设备中的日历则囊括了多种功能,是一款综合性较强的应用程序,因此在界面设计中需要考虑的问题也更多。

众所周知,日历是以时间为顺序进行编排的,并且包含的信息量较大,根据这一特点,可以从布局的角度对界面进行设计。移动设备中的日历在表现方式上比实体日历更为灵活,可以按照"月"进行查看,也可以按照"周"进行查看,这一特点可以将其与棋盘式的布局相互联系。因为棋盘式的布局给人的感觉相对公正,符合人们习惯性的视觉观察顺序，能够大量地缩短人们查找的时间，清晰地对重要事件进行表现，因此，本案例将使用棋盘式的布局来进行创作，具体如下图所示。

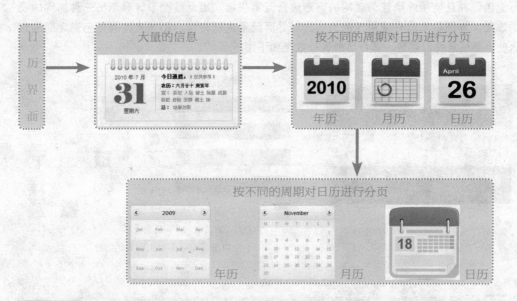

4.9.2 用多种色彩对日历信息进行分类表现

　　本案例中月历和周历的设计界面中所包含的信息较为丰富，使用冷暖色调对界面进行配色，会形成较强的视觉对比，突显出重要的文字信息。此外，为了让色彩之间对比融洽，还特别地添加白色作为协调色进行中和，以减轻视觉疲劳，具体如下图所示。

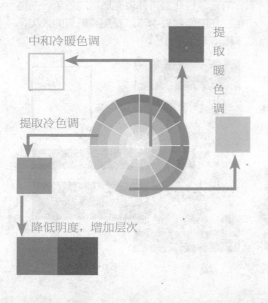

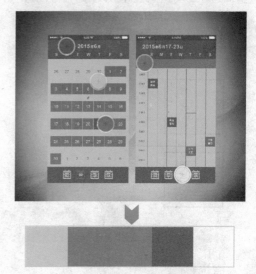

4.9.3 棋盘式设计确定界面风格： 单色、简约

本例将棋盘作为界面布局的参考物，在设计过程中使用单色填充的方式对界面元素进行上色，并且使用外形较为硬朗的方形进行元素拼接，因此整个设计显示出一种简约的视觉效果。本例基本没有使用任何的样式对界面元素进行修饰，而是直接利用色彩之间的对比使重要信息得以突显，其具体的设计效果如下图所示。

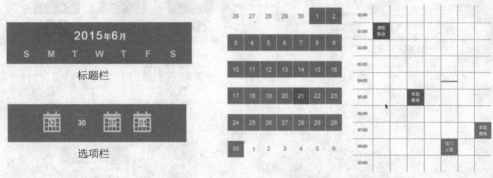

棋盘式布局的月历和周历信息

4.9.4 实例制作步骤解析

1 月历界面的绘制 ▶

STEP 01 新建文档，使用"矩形工具"绘制界面的背景和手机状态栏的背景，并分别填充不同的颜色，无描边色，接着添加所需的文字和图标，如下图所示。

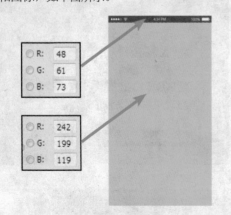

STEP 02 使用"矩形工具"绘制界面上方和下方的选项栏背景，并填充适当的颜色，无描边色，在图像窗口中可以看到编辑后的效果，如下图所示。

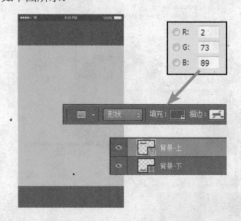

STEP 03 选择工具箱中的"横排文字工具",在适当的位置单击,输入所需的文字信息,并打开"字符"面板对文字的大小、字体、颜色等进行设置,如下图所示。

STEP 04 再次使用"横排文字工具",输入所需的字母,设置好"字符"面板,并将输入的字母按照等距横向排列,最后放在适当的位置上,如下图所示。

STEP 05 使用"矩形工具"绘制若干个正方形,并填充的颜色R191、G42、B42,无描边色,将其作为日历界面上的日期显示的背景,在图像窗口可以看到编辑的效果,如下图所示。

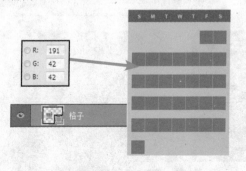

STEP 06 绘制所需的图标或通过添加素材的方式完成日历图标的制作,并分别填充不同的颜色,如下图所示。

STEP 07 使用"横排文字工具"在图标的适当位置添加数字,并分别填充不同的颜色,然后利用"字符"面板设置数字的字体,如下图所示。

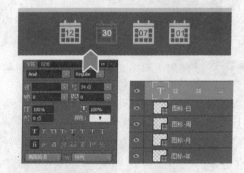

STEP 08 再次使用"横排文字工具"在界面上添加数字,将日历上的日期按顺序排列,并且调整颜色使其内容显示清晰,如下图所示。

② 周历界面的绘制 ▶

STEP 01 对前面绘制的手机状态栏、界面背景和下方选项栏等对象进行复制，开始周历界面的制作，在图像窗口中可以看到绘制的效果，如下图所示。

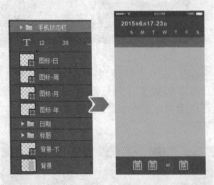

STEP 02 使用"横排文字工具"在界面的左侧添加时间刻度，并打开"字符"和"段落"面板对文字的属性进行设置，在图像窗口中可以看到编辑的效果，如下图所示。

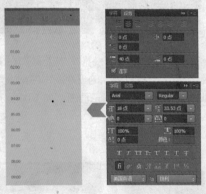

STEP 03 使用"矩形工具"绘制线条，并填充适当的颜色；然后对线条进行复制，调整线条的位置和角度，形成网格的效果，在图像窗口可以看到编辑的效果，如下图所示。

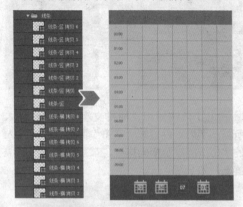

STEP 04 使用"矩形工具"绘制一个特定大小的矩形，填充红色，放在当前手机界面中显示时间位置，在图像窗口中可以看到编辑的效果，如下图所示。

STEP 05 使用"矩形工具"绘制正方形的形状，分别填充不同的颜色，并放在所需的位置；然后使用"横排文字工具"添加所需的文字，完成本案例的制作，如右图所示。

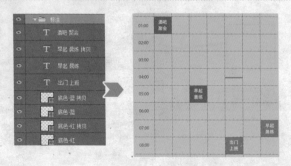

搜索界面设计

搜索界面最主要的作用就是查询所需的信息，在搜索栏里输入一个单词或短语，搜索引擎就会反馈一系列可能与查询内容相关的信息。在设计搜索界面时要把握好界面的布局、功能分区及用户操作习惯等问题。

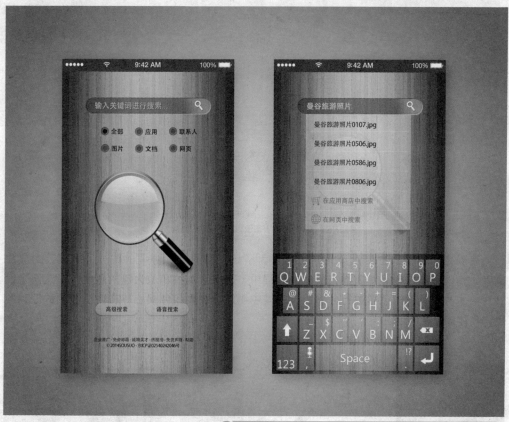

源文件　随书资源包\源文件\04\搜索界面设计.psd

4.10.1　联想思维定义界面主要元素：木纹、放大镜

联想思维就是指人们在头脑中将一种事物的形象与另一种事物的形象联系起来，通过探索它们之间共同或类似的规律解决问题的思维方法。

客观世界是复杂的，是由许多形形色色的事物构成的，而不同事物之间则又存在着各种各样的差异，正是由于这些差异，才使整个世界变得丰富多彩。为了让界面设计更具创意，本例在设计之前，运用"联想思维"对"搜索"这个词语进行合理的联想，进而而得出界面主要元素。

搜索界面最主要的功能就是在大量的信息中提取用户所需的信息，本例的前期构思就以界面的功能作为思考起点，通过一系列具有共通性的联想思维最终确定界面中的主要元素，主要的构思过程如下图所示。

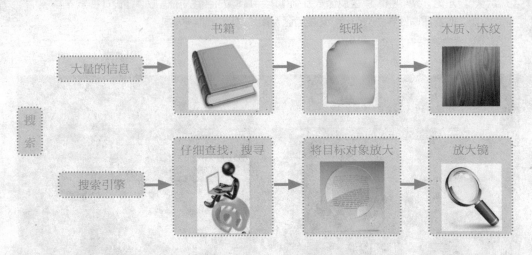

4.10.2 以木纹和放大镜的颜色进行配色

在确定了界面的主要设计元素之后，为了让界面的色调协调、统一，本例在对界面文字、输入框和按钮等对象进行配色的过程中，提取了木纹和放大镜的颜色，对这两个设计对象本身所具有的色彩进行分解，选择其中明度、纯度和色相都存在明显差异的五种颜色，具体如下图所示。

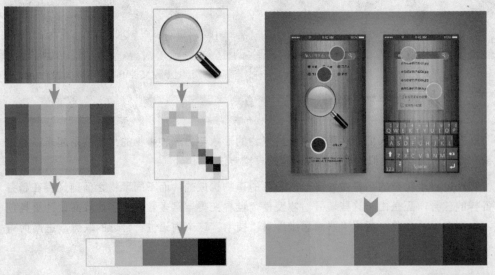

4.10.3 木纹材质决定界面风格：天然、复古

本例将界面的主要设计元素定义为木纹和放大镜，通过大量木纹材质的使用，给人一种返璞归真的感觉，而棕色的木质与复古色调相互吻合，让界面又表现出一种怀旧的韵味。将上述的信息综合分析，确定本例界面所呈现的风格为天然、复古，如下图所示为本例计和使用的界面基础元素。

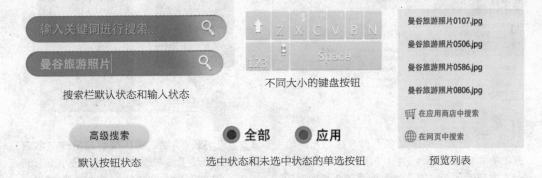

搜索栏默认状态和输入状态   不同大小的键盘按钮

默认按钮状态   选中状态和未选中状态的单选按钮   预览列表

4.10.4 实例制作步骤解析

1 绘制界面基础元素 ▶

STEP 01 新建文档，使用"圆角矩形工具"绘制一个大小适当的圆角矩形，并为得到的形状图层添加"内阴影"、"内发光"和"投影"样式，使其更具层次感，如下图所示。

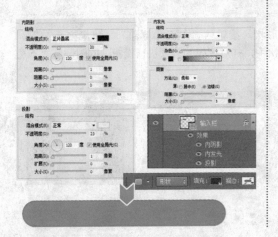

STEP 02 将绘制的圆角矩形添加到选区，新建图层，使用白色到透明的线性渐变对其右侧部分进行填充，最后将该图层的混合模式设置为"叠加"，如下图所示。

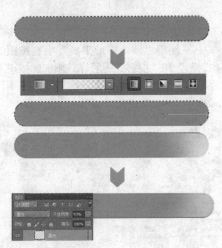

STEP 03 使用"自定形状工具"绘制放大镜的形状,双击得到的形状图层,在打开的"图层样式"对话框中添加"颜色叠加"和"投影"样式,对图标进行修饰,如下图所示。

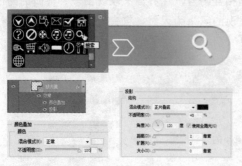

STEP 04 使用"横排文字工具"在适当的位置单击并输入所需的文字,打开"字符"面板对文字属性进行设置,并添加"颜色叠加"和"投影"图层样式,如下图所示。

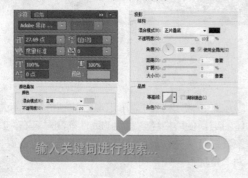

STEP 05 使用"椭圆工具"绘制所需要的圆形,复制STEP 01中所设置的图层样式,将其添加到绘制的圆形上,并对绘制的圆形进行大小调整,使其居中对齐,接着添加上所需的文字,作为界面中单选按钮选中状态的效果,如下图所示。

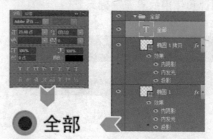

STEP 06 复制绘制的单选按钮,更改文字内容;选择形状工具在选项栏中更改较小圆形的颜色,将其作为未选中状态下的单选按钮样式,如下图所示。

STEP 07 使用"圆角矩形工具"绘制按钮的形状,接着将"斜面和浮雕"、"渐变叠加"、"内阴影"和"投影"图层样式添加到按钮形状中,并对相应的选项进行设置,同时调整"不透明度"和"填充"参数,如下图所示。

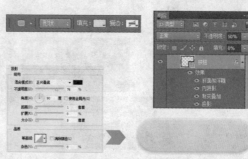

STEP **08** 用"横排文字工具"在按钮形状上添加文字,打开"字符"面板设置文字属性;接着创建图层组,将图层进行归类;最后复制图层组,对文字内容进行适当更改,制作其他的按钮,如下图所示。

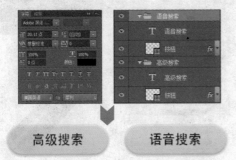

STEP **09** 使用与按钮形状相同的图层样式制作键盘上按钮的外观,并通过为文字添加"投影"样式增强键盘按钮的质感,同时用图层组进行分门别类,如下图所示。

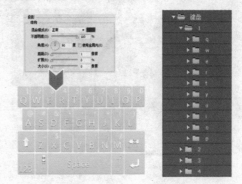

❷ 制作放大镜图像 ▶

STEP **01** 使用"钢笔工具"绘制放大镜的大致外形,双击绘制的形状图层,在打开的"图层样式"对话框中为其添加"渐变叠加"样式,并进行相应的设置,如下图所示。

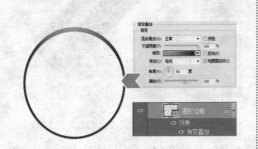

STEP **02** 使用"钢笔工具"绘制放大镜连接部分的形状,为其添加"内阴影"和"渐变叠加"图层样式,并对相应选项卡中的参数进行调整,如下图所示。

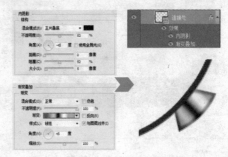

STEP **03** 使用"椭圆工具"绘制放大镜上的玻璃,放在适当的位置,使用"内阴影"、"内发光"和"渐变叠加"样式对其进行修饰,并在相应选项卡中对参数进行设置,如下图所示。

STEP **04** 使用"钢笔工具"绘制放大镜镜片上半部和下半部的修饰部分，使用渐变叠加图层样式分别对其进行修饰，并放在适当的位置上，如下图所示。

STEP **05** 使用"钢笔工具"绘制放大镜手柄的金属部分，应用"渐变叠加"图层样式，并对相应的选项进行设置对其进行修饰，在图像窗口可以看到编辑效果，如下图所示。

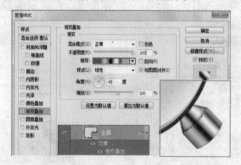

STEP **06** 使用"钢笔工具"绘制放大镜的手柄，接着双击得到的形状图层，为其添加"描边"和"渐变叠加"图层样式，并对相应的选项进行设置，如下图所示。

STEP **07** 新建图层，使用"画笔工具"，在其选项栏中进行设置，调整前景色为黑色，绘制放大镜的阴影，并设置其混合模式为"正片叠底"，如下图所示。

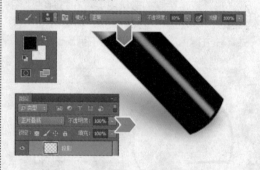

STEP **08** 使用"钢笔工具"绘制放大镜上的高光形状，然后将绘制的形状转换为选区，使用"渐变工具"对选区进行填充，并在"图层"面板中降低图层的不透明度，如下图所示。

3 绘制背景完善界面效果 ▶

STEP 01 根据手机的界面大小创建一个白色的填充图层，并将木质的纹理素材添加到其中，然后执行"图层>创建剪贴图层"命令对素材显示效果进行控制，如下图所示。

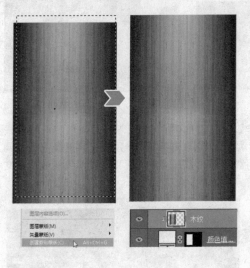

STEP 02 为界面添加手机状态栏素材，双击该图层，为其添加 "颜色叠加"图层样式，并对相应的选项进行设置，然后放在适当的位置上，如下图所示。

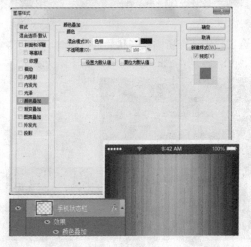

STEP 03 对前面绘制完成的单选按钮、放大镜、按钮和搜索栏等界面基础元素进行组合，并适当调整各个元素的位置和大小，完成搜索界面默认状态的制作，如下图所示。

STEP 04 复制绘制完成的界面背景、搜索栏、放大镜，开始制作搜索界面输入状态时的画面，降低放大镜图像的"不透明度"为20%，如下图所示。

STEP 05 使用"矩形工具"绘制一个矩形，将其放在搜索栏的下方，并为其填充上白色，无描边色；然后双击得到的形状图层，在打开的"图层样式"对话框中勾选"描边"复选框；最后在"图层"面板中设置混合模式为"柔光"，"不透明度"为80%，如下图所示。

STEP 06 使用"矩形工具"绘制细长的矩形，填充白色；复制绘制的矩形，并调整其分布和对齐效果，将其作为下拉列表的间隔线条，如下图所示。

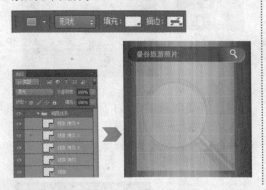

STEP 07 使用"横排文字工具"为下拉列表添加所需的文字，并分别对文字的颜色进行调整，然后打开"字符"和"段落"面板设置文字的属性，如下图所示。

STEP 08 选择工具箱中的"自定形状工具"，在选项栏中选择所需的形状后进行绘制，然后将购物车和互联网图标添加到下拉列表中，并调整其颜色，完成本例的编辑制作，如下图所示。

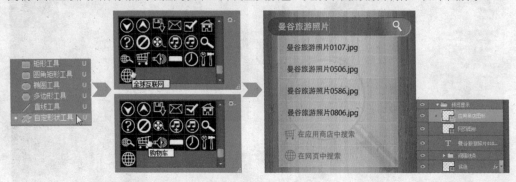

Chapter 05

爆发

升级创意创作完美移动UI界面

APP是Application的缩写，是移动设备上的应用程序，不同的应用程序有不同的操作界面，利用不同的功能分区、视觉效果、色彩搭配等表现出应用程序的功能和特点。APP客户端的界面设计就是沟通用户与后台程序的一个服务员，它需要准确、清晰的告知用户程序的风格特点和操作技巧。本章将根据"项目任务"的不同要求，针对不同类型的APP特点，设计出符合要求且构思巧妙的APP客户端界面，通过思维的发散和衍生来进行界面创作，让读者掌握设计移动UI界面的技巧和方法。

5.1 清爽色调的扁平化手机主题设计

手机主题类似于Windows的主题功能，使用户可以更快捷方便地将自己心爱的手机个性化。根据主题的不同，用户在使用手机时不再只是面对一成不变手机操作界面、图片和色彩。本案例将设计和制作一款清爽色调的扁平化手机主题。

源文件 随书资源包\源文件\05\清爽色调的扁平化手机主题设计.psd

5.1.1 项目任务

要求制作一组应用于IOS 7系统的手机主题，界面元素增加扁平化设计风格的说明设计风格，画面色彩清新自然，给人凉爽、醒目的视觉，界面包括"联系人界面"、"拨号界面"、"设置界面"、"信息编辑界面"、"信息对话界面"和"编辑联系人界面"，要求整体设计风格一致，和谐统一，能够突出IOS 7系统的主要设计特点。

5.1.2 提取关键字：凉爽、扁平化、IOS 7

从"项目任务"中可以掌握本案例制作所包含的要求，在这些内容中，提取了三个关键词，即"凉爽"、"扁平化"和"IOS 7系统"，通过对这三个关键词进行剖析和思维扩展，可以对界面的色彩、风格和细节等进行准确地把握，具体如下图所示。

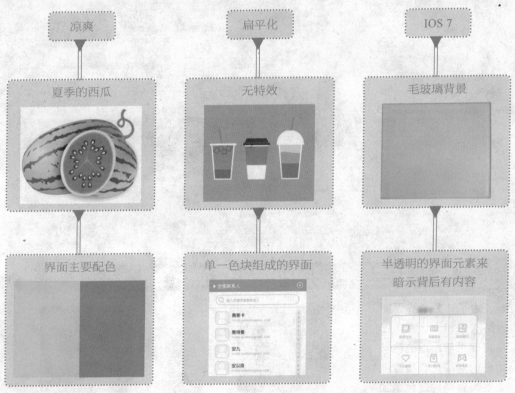

通过提炼的关键词"凉爽"，可以联想到夏季西瓜所带来的甘甜、清爽的感觉，由此，对西瓜的色彩进行提炼，利用冷暖色的对比搭配出纯度和明度都较高的配色，让界面变得自然、清新。此外，根据IOS 7系统中扁平化的设计理念和半透明的毛玻璃设计来完善界面其他部分的设计，让手机主题逐渐形成一个模糊的影像，最后根据关键词中所获得的信息对设计制作中的各个元素进行规范，使每个界面都和谐、统一，让最终的成品符合"项目任务"要求，从而制作出满意的界面效果。

5.1.3 根据IOS 7中的字体定义图标和文字

  IOS 7系统要求界面字体清晰易读，并且在规范的IOS 7系统界面设计中使用了具有很强的线性风格的字体，可以看到IOS 7系统中文字的每个笔画宽度都是相同的。本例根据这一特点对界面中的图标风格和字体风格进行定义，具体如下图所示。

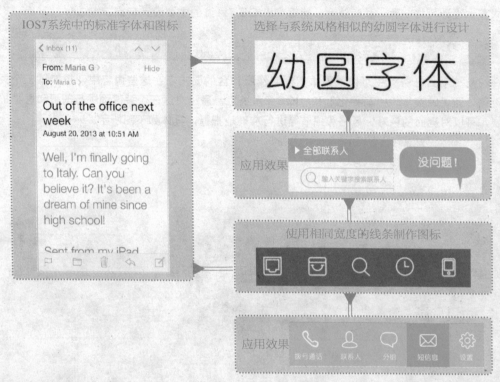

5.1.4 调整主要色彩的明度以增加配色

  为了让整个界面突显层次感和设计感，在确定使用与西瓜的色彩相近的蓝绿色和橘红色之后，对两种颜色增加不同的明度来扩展出更多的色彩，并利用这些颜色协调界面的配色，让界面的内容更加的丰富，具体如右图所示。

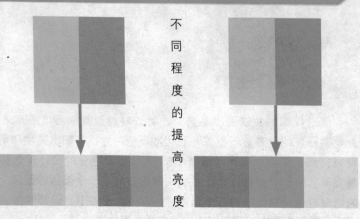

不同程度的提高亮度

5.1.5 剖析案例制作步骤

1 制作联系人界面 ▶

STEP 01 新建文档，绘制界面背景和手机状态栏，使用颜色R0、G183、B186和白色对其进行填充，并创建图层组对编辑后的图层进行管理，如下图所示。

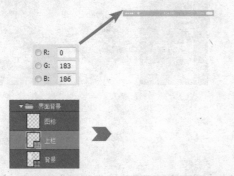

STEP 02 使用"矩形工具"绘制标题的背景，填充颜色R243、G145、B116，接着使用"横排文字工具"输入所需的文字，并在"字符"面板中设置文字的属性，如下图所示。

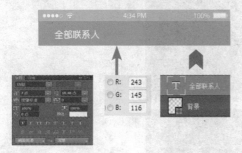

STEP 03 用"椭圆工具"绘制一个圆形，设置其"填充"为0%，添加"描边"样式使其显示出白色的圆环效果；接着绘制加号，最后绘制三角形作为箭头，并都填充白色，如下图所示。

STEP 04 使用"圆角矩形工具"绘制出圆角矩形，设置"填充"为0%，为其添加"描边"图层样式，将其作为界面中搜索栏的输入框，如下图所示。

STEP 05 使用"椭圆工具"和"圆角矩形工具"绘制放大镜图标，填充与输入栏描边相同的颜色；接着使用"横排文字工具"在适当的位置添加所需的文字，并打开"字符"面板对文字的属性进行设置，按照所需的位置进行排列，在图像窗口中可以看到编辑的效果，如下图所示。

STEP 06 选择工具箱中的"矩形工具"，在界面的底部绘制两个矩形，分别填充不同的填充色，无描边色，然后按照所需的位置进行排列，作为底部图标栏的背景，如下图所示。

STEP 07 使用"钢笔工具"和"椭圆工具"绘制所需的图标，也可以通过添加图标素材的方式来添加所需的图标，并使用白色的"颜色叠加"样式对其进行修饰，如下图所示。

STEP 08 选择工具箱中的"横排文字工具"，在适当的位置单击并输入所需的内容，打开"字符"面板对文字的属性进行设置，完成界面底部图标栏的制作，如下图所示。

STEP 08 使用"矩形工具"绘制高度为2像素的矩形条，并填充适当的灰度色彩，无描边色，然后对其进行多次复制，作为界面中间的分割线，如下图所示。

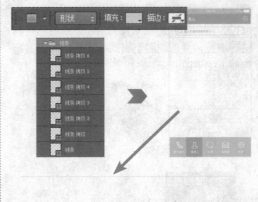

STEP 10 使用"横排文字工具"在界面上适当的位置输入所需的文字，打开"字符"面板对不同的文字进行相应设置，在图像窗口可以看到编辑效果，如下图所示。

STEP **11** 使用"圆角矩形工具"绘制形状，并使用"颜色叠加"和"描边"样式对其进行修饰；接着添加人像形状，将其组合为联系人的头像，放在姓名的左侧位置，如下图所示。

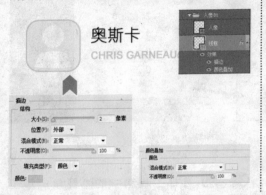

STEP **12** 对编辑完成的"人像"图层组进行复制，调整每个"人像"图层组的位置，放在每个联系人姓名的前面，在图像窗口中可以看到编辑的效果，如下图所示。

2 制作拨号界面 ▶

STEP **01** 对前面制作完成的界面背景、联系人和图标栏等元素进行复制，开始"拨号界面"的制作，在图像窗口中对这些元素的位置进行调整，如下图所示。

STEP **02** 使用"矩形工具"在界面中绘制宽度为2像素的矩形条，按照"井"字进行排列，并绘制出矩形的按钮，填充颜色R201、G258、H232，无描边色，如下图所示。

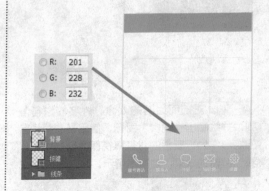

STEP **03** 使用"横排文字工具"在适当的位置单击，输入拨号界面中所需的文字，并分别为文字填充所需的颜色，放在"井"字格的各个位置上，如右图所示。

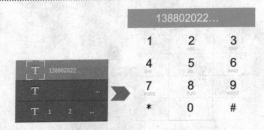

STEP 04 为拨号区域添加所需的图标，并为其设置相应的填充色；然后对"拨号界面"中各个元素的位置进行细微的调整，完成"拨号界面"的制作，在图像窗口中可以看到编辑完成的效果，如右图所示。

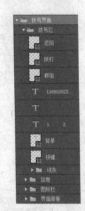

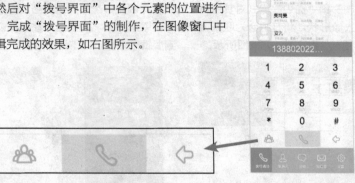

3 制作设置界面 ▶

STEP 01 对前面绘制完成的界面背景和图标栏进行复制，开始"设置界面"的制作，在图像窗口中对"图标栏"中橘红色的矩形位置进行调整，如下图所示。

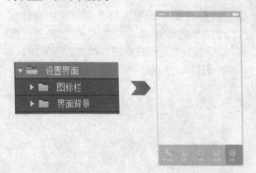

STEP 02 对前面绘制的人像、姓名等进行复制，并绘制出"编辑"图标，使用带有淡绿色的矩形作为标题栏的背景，在图像窗口中可以看到编辑的效果，如下图所示。

STEP 03 选择工具箱中的"圆角矩形工具"，绘制信息区域的边框，并使用"描边"样式对其进行修饰；接着使用"矩形工具"绘制线条，并放在适当的位置上，如下图所示。

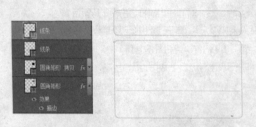

STEP 04 为界面填充所需的图标，或者使用"钢笔工具"绘制界面中所需的图标，并使用颜色R243、G145、B116对其进行修饰，无描边色，如下图所示。

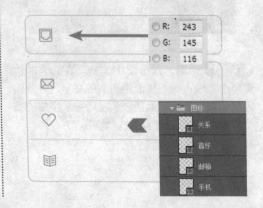

STEP 05 选择工具箱中的"横排文字工具",在适当的位置单击并输入所需的文字,打开"字符"面板对文字的属性进行设置,在图像窗口中可以看到编辑后的效果,如右图所示。

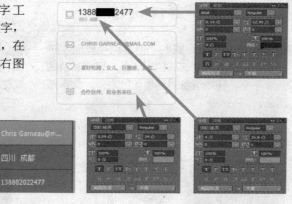

STEP 06 使用"圆角矩形工具"绘制按钮的形状,接着为按钮添加所需的文字和图标,并调整各个元素之间的位置,然后将其放在界面信息的下方,完成"设置界面"的制作,在图像窗口中可以看到编辑后的效果,如左图所示。

4 制作信息编辑界面 ▶

STEP 01 对前面绘制完成的标题栏、图标栏和界面背景等进行复制,对复制的内容进行细微的调整,在图像窗口可以看到编辑的效果,开始"信息编辑界面"的制作,如下图所示。

STEP 02 对前面绘制的搜索栏进行复制,更改其中的文字和图标,将其放在界面的底部,并使用灰色的矩形条对界面中间部位进行修饰,完成信息编辑界面的制作,如下图所示。

⑤ 制作信息对话界面 ▶

STEP 01 对绘制完成的"信息编辑界面"进行复制,删除其中的灰色矩形条,保持其余的元素不变,开始信息对话界面的制作,如下图所示。

STEP 02 使用"圆角矩形工具"和"钢笔工具"绘制所需的对话框气泡,分别为其填充不同的颜色,并使用"横排文字工具"输入所需的日期文字,如下图所示。

STEP 03 使用"横排文字工具"在聊天气泡上添加所需的文字,打开"字符"面板对文字的颜色、字间距和字体等文字属性进行设置,并调整文字的位置,完成信息对话界面的制作,如右图所示。

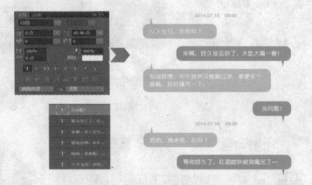

⑥ 制作编辑联系人界面 ▶

STEP 01 对前面绘制完成的"设置界面"进行复制,将除图标栏和界面背景以外的对象合并在一个图层中;然后执行"滤镜>模糊>高斯模糊"菜单命令,在打开的"高斯模糊"对话框中设置"半径"选项的参数为8.8像素,对界面中部分的区域进行模糊,在图像窗口中可以看到编辑的效果,如右图所示。

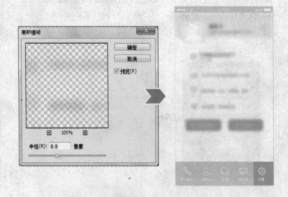

STEP 02 使用"圆角矩形工具"绘制出形状，使用白色进行填充，并调整其"填充"为85%，然后利用"描边"样式对其进行修饰，放置在模糊背景的上方，如下图所示。

STEP 03 使用"钢笔工具"绘制出所需的图标，或者直接添加图标素材，为每个图标填充相同的颜色，并按照一定的位置进行排列，如下图所示。

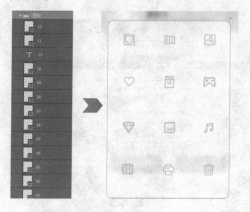

STEP 04 使用"横排文字工具"在适当的位置单击，输入所需的信息文字，打开"字符"面板对文字的属性进行设置，在图像窗口中可以看到编辑的效果，如下图所示。

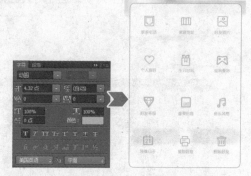

STEP 05 使用"矩形工具"绘制宽度为2像素的线条，并将相同方向上的线条选中，利用工具栏中的按钮来对线条进行对齐操作，完成本例的编辑，如下图所示。

提示 在Photoshop中对多个对象进行编辑时，使用"移动工具"的过程中可以将选中的图层按照指定的方式进行对齐或者分布。在"图层"面板中选中两个及两个以上的图层后，工具选项栏中会显示出如下图所示的按钮，每个按钮代表一种不同的对齐或者分布方式，单击即可完成操作，可以大大提高编辑效率。

5.2 购物APP客户端UI设计

购物APP是移动设备中用于浏览商品、下单购买商品的应用程序，购物APP通常会有相应的购物网站，移动设备中的APP会根据网站信息和风格来对界面进行定义，让顾客在闲暇之余也能随时随地享受购物的乐趣。

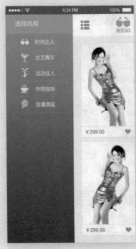

源文件 源文件：随书资源包\源文件\05\购物APP客户端UI设计.psd

5.2.1 项目任务

要求制作一组以购物为操作内容的APP客户端界面，设计的内容包括"启动界面"、"登录界面"、"用户界面"、"导航界面"、"导购界面"和"标题界面"。界面中要求包含整个客户端所需的界面设计元素，即按钮、菜单、图标等，整个界面要表现出女性时尚、柔美的特质，并且具有清晰的功能分区和统一的设计风格。

5.2.2 提取关键字：时尚、柔美、清晰

"项目任务"内容提出了设计要求，由于是为女性所设计的购物APP客户端UI界面，针对女性的视觉特征和喜好，提取"时尚"、"柔美"和"清晰"三个关键词进行思维扩展，具体如下所示。

本例需要设计出欢迎界面，而通常一个APP的欢迎界面都会放置代表该APP特点的LOGO，由提炼的关键词"时尚"可以联想到戴墨镜的摩登美女，对脑海中的信息进行提炼，最终选择使用墨镜这一元素来完成LOGO的制作，使用勾勒的墨镜剪影来诠释和展现时尚。

购物APP的主要受众群为女性，提到女性，大部分人会联想到粉色的事物，而粉红色的事物与项目要求中的关键词"柔美"相呼应，因此，本例在设计和制作中使用玫红色作为画面的主要色调。对于"清晰"这个关键词，本例利用棱角分明的矩形来界面进行分

区，让界面中各个功能区域之间的间距和外形能够形成一种相互贴合，但互不干扰的、清晰的视觉效果。

5.2.3 用标题栏和图标栏引导用户操作

购物APP中通常会包含多种不同内容的信息界面，例如商品展示、广告推广、商品详情、用户信息等，为了让用户能够自由、快捷地对这些信息进行浏览，需要对交互式设计进行规划，这也是界面视觉设计的一部分。

为了让界面中各组功能的展示更加清晰，本例使用标题栏和图标栏来引导用户操作。图标栏可以在各个视图之间导航，并能提供管理视图条目的控件，同时包含当前情境下最常用的指令，让整个界面更具条理性，具体设计如下图所示。

单击菜单按钮展开菜单列表。

不同操作状态下的图标栏效果

不同视图模式下的标题栏效果

标题栏中的图标引导用户进行更多操作

5.2.4 添加灰度色彩调和配色

如果将整个界面设计的主要色彩都定义为不同层次的玫红色，那么画面颜色会给人单一、呆板的感觉，为了避免视觉上的疲劳，本例在具体的配色中使用不同程度的灰色进行调和。这些灰色不是只包含明度的灰色，而是添加了细微玫红色的灰色，可以让整个界面色彩更加细腻、精致，具体如右图所示。

5.2.5 剖析案例制作步骤

1 制作启动界面 ▷

STEP 01 新建文档，绘制界面背景和手机状态栏，使用颜色R84、G73、B76为状态栏的背景进行填充，并应用"渐变叠加"样式修饰界面的背景，如下图所示。

STEP 02 绘制出墨镜的形状，并使用"横排文字工具"添加所需的文字；然后将其添加到创建的图层组LOGO中，并使用"投影"样式对其进行修饰，如下图所示。

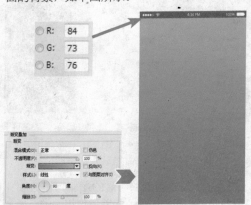

STEP 03 使用"横排文字工具"在界面的下方单击，输入所需的文字，打开"字符"面板中对文字属性进行设置，完成"启动界面"的制作，如右图所示。

2 制作登录界面 ▷

STEP 01 对前面绘制的状态栏和界面背景进行复制，更改界面背景色为R250、G244、B244；接着对绘制的LOGO进行复制，使用"颜色叠加"样式对图层组进行修饰；然后适当调整LOGO的大小，并将其放在界面的适当位置，如右图所示。

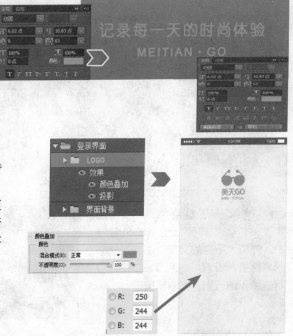

STEP 02 用"圆角矩形工具"绘制输入框的外形，并使用"描边"样式进行修饰；接着使用"横排文字工具"为文本框添加所需的文字，并利用"字符"面板设置属性，如下图所示。

STEP 03 使用"圆角矩形工具"绘制界面中所需的按钮，再使用"投影"样式对圆角矩形进行修饰，并添加所需的文字，如下图所示。

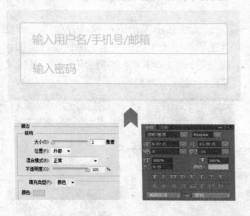

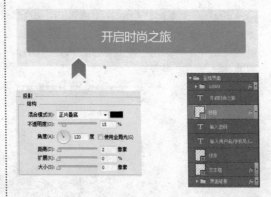

3 制作用户界面 ▶

STEP 01 对前面绘制的界面背景进行复制，更改界面的背景颜色为R244、G117、B150，保持其余界面元素不变，开始"用户界面"的制作，如下图所示。

STEP 02 为界面添加所需的图标，设置填充色为白色，无描边色；接着添加用户的头像，并使用"图层蒙版"对其显示进行控制，添加"描边"样式进行修饰，如下图所示。

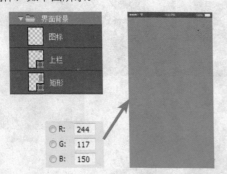

STEP 03 选择工具箱中的"横排文字工具"，在界面上适当的位置单击，并输入所需的文字，然后对文字的属性进行设置，在图像窗口中可以看到编辑的效果，如右图所示。

STEP 04 对前面绘制的人物头像进行复制，放在界面适当的位置，并添加所需的文字；然后使用色彩较淡的矩形作为背景，在图像窗口中可以看到信息区域的编辑效果，如右图所示。

STEP 05 使用"横排文字工具"输入所需的字符，将其作为虚线放在界面上的信息区域中，实现分组显示，在图像窗口中可以看到编辑的效果，如下图所示。

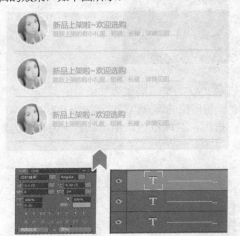

STEP 06 为界面添加所需的图标，并分别为图标设置不同的填充色，无描边色；然后将图标放在界面的左侧，在图像窗口中可以看到编辑的结果，如下图所示。

STEP 07 使用"矩形工具"绘制出矩形作为界面图标栏的背景，再使用"钢笔工具"绘制选中图标的背景；然后分别为绘制的形状填充适当的颜色，无描边色，如下图所示。

STEP 08 为图标栏添加所需的图标，并按照一定的顺序进行排列，然后分别填充白色和颜色R190、G185、B186，无描边色，在图像窗口中可以看到编辑的效果，如下图所示。

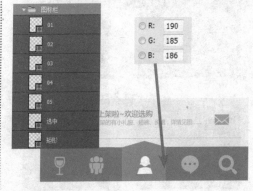

④ 制作导航界面 ▶

STEP 01 对前面绘制的界面背景进行复制，调整界面的背景色为R250、G244、B244；接着绘制矩形，使用"渐变叠加"样式进行修饰，如下图所示。

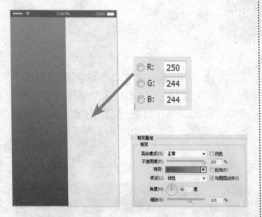

STEP 02 用"矩形工具"绘制界面中所需的矩形，填充R244、G117、B150的颜色；接着使用"横排文字工具"添加所需的线条和文字，并在"字符"面板中设置选项，如下图所示。

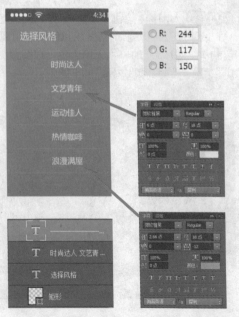

STEP 03 使用"横排文字工具"添加所需的文字，打开"字符"面板对文字的属性进行设置，再使用"投影"样式对文字进行修饰，在图像窗口中可以看到编辑的效果，如下图所示。

STEP 04 为菜单区域添加所需的图标，并为其设置所需的填充色，然后按照一定的顺序进行排列，在图像窗口中可以看到编辑后的效果，如下图所示。

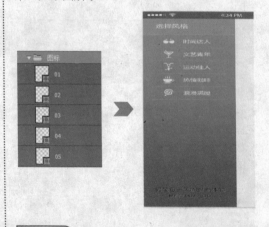

提示 在设计移动设备UI界面的过程中，菜单列表中包含图标时，所选择或者所设计的图标风格要保持一致，最好使用易于理解、外形简单的图标，并且要注意文字和图标外形的统一性。

STEP 05 使用"矩形工具"和"钢笔工具"绘制界面右上角所需的图标和标题栏背景，并分别填充不同的颜色；接着复制LOGO，添加到适当的位置，如下图所示。

STEP 06 为界面添加所需的模特图像，使用"描边"样式对其进行修饰，并添加上文字和图标，进而制作出单个商品的视图界面效果，在图像窗口中可以看到编辑的结果。如下图所示。

STEP 07 将编辑的图层添加到"服饰"图层组中，再把界面的背景添加到选区，使用"图层蒙版"对图层组的显示进行控制，在图像窗口中可以看到编辑的结果，如下图所示。

STEP 08 对编辑完成的"服饰"图层组进行复制，适当调整复制后的图层组中图像的方向和位置，完成导航界面的制作，如下图所示。

5 制作导购界面 ▶

STEP 01 对前面绘制完成的界面背景和标题栏进行复制，完善标题栏中的信息后将相机图标添加到其中，并填充与菜单图标相同的颜色，开始"导购界面"的制作，如右图所示。

STEP 02 对前面绘制的"服饰"图层组进行复制，删除该图层组的图层蒙版，将"服饰"图层组放在界面上适当的位置，在图像窗口中可以看到编辑的效果，如下图所示。

STEP 03 对"服饰"图层组进行复制，适当调整图层组的位置，按照一定的顺序进行排列，完成导购界面的制作，如下图所示。

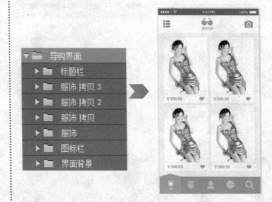

6 制作标题界面 ▶

STEP 01 对前面绘制完成的界面背景、标题栏和图标栏进行复制，开始"标题界面"的制作，如下图所示。

STEP 02 使用"矩形工具"为界面添加上所需的形状，分别填充适当的颜色；然后使用"横排文字工具"输入所需的文字信息，在图像窗口中可以看到编辑的结果，如下图所示。

STEP 03 为界面上添加所需的广告图片，适当调整图片的大小，按照所需的位置进行排列，完成本案例的制作，如右图所示。

5.3 浏览器APP客户端UI设计

浏览器APP的功能与电脑浏览器的功能一样，通过信息与用户之间产生一定的互动，利用图片、文字、视频等表现信息。浏览器APP相较于电脑浏览器，其阅读视觉范围要小，所以在设计中会有所不同。

源文件 随书资源包\源文件\05\浏览器APP客户端UI设计.psd

5.3.1 项目任务

要求设计一组用于IOS 7系统的浏览器APP客户端界面，包括"登录界面"、"个人界面"、"新闻首页界面"、"下载分区界面"、"新闻内容界面"和"评论界面"共六个界面，设计要求使用扁平化设计理念进行创作，通过使用暗色调的色彩来表现画面，呈现一种简约、大气的界面风格。

5.3.2 提取关键字：大气、简约

从"项目任务"中可以了解到本案例所设计的要点和内容，通过对掌握的信息进行分析，为了让最终的制作效果简约而大气，在设计元素的选择上使用了矩形作为界面元素的外形，并通过简单的上下分区、左右分区等方式对界面进行信息分布，让使用者浏览的视觉更加开阔，具体如下图所示。

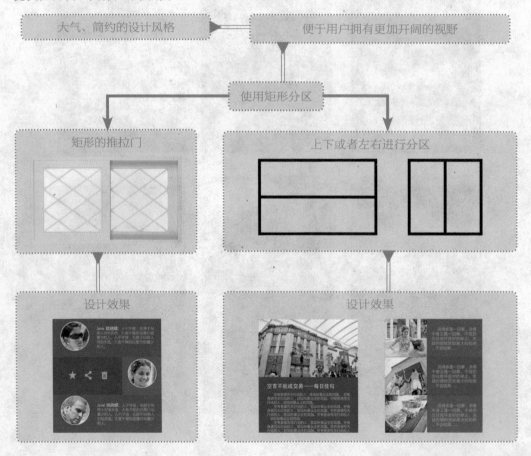

从图中可以看到，"矩形"这个设计规范可以更好地对界面内容进行布局，通过简单的段落文字和图片就能很好地传递出浏览器界面中的新闻资讯内容，非常符合浏览器的功

能表现，同时完全遵循了IOS 7系统的设计要求，摒弃了繁杂的修饰，使整个界面感觉清爽、干净，让用户的注意力能够完全被新闻内容所吸引，更加易于使用。

5.3.3 添加点缀色彩突出关键信息

由于本案例的"项目任务"中要求使用暗色调来表现画面，为了突显出界面中某些关键性的操作或者信息，在进行界面配色的过程中，为界面添加了小面积的、色彩反差较大的点缀颜色来进行对比，突显出小面积的色彩，对使用者有一定的提示作用，具体如下图所示。

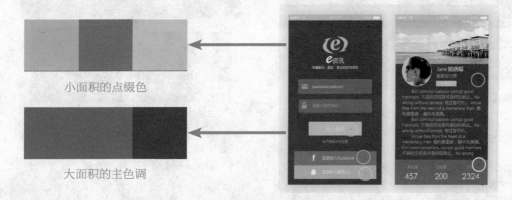

小面积的点缀色

大面积的主色调

5.3.4 剖析案例制作步骤

1 制作登录界面 ▶

STEP 01 新建文档，绘制界面背景和手机状态栏，分别使用颜色R43、G41、B55和R26、G188、B156对其进行修饰，在图像窗口中可以看到编辑的效果，如下图所示。

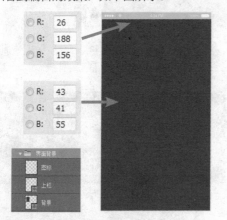

STEP 02 绘制浏览器的LOGO，接着使用"横排文字工具"在适当的位置输入所需的文字，并打开"字符"面板对文字的属性进行设置，如下图所示。

STEP 03 使用"圆角矩形工具"绘制出文本框，并使用不同的"描边"样式对文本框的描边进行修饰，在图像窗口中可以看到编辑后的效果，如下图所示。

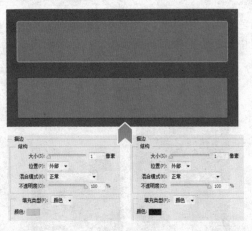

STEP 04 为文本框添加所需的图标，并使用"横排文字工具"在适当的位置添加上所需的文字，打开"字符"面板对文字的属性进行设置，如下图所示。

STEP 05 使用"圆角矩形工具"绘制出按钮的形状，并填充适当的颜色；然后使用"横排文字工具"在按钮上和按钮的下方添加所需的文字，并打开"字符"面板设置文字属性，如下图所示。

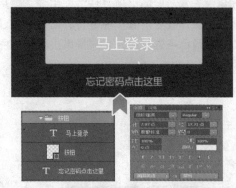

STEP 06 使用"矩形工具"在界面上适当的位置绘制所需的矩形，分别填充颜色R1、G75、B150和R49、G170、B235，无描边色，如下图所示。

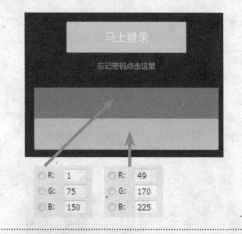

STEP 07 为界面添加上所需的图标，设置其填充色为白色，接着使用"横排文字工具"在适当的位置添加上文字，设置文字的属性，在图像窗口中可以看到编辑的结果，如右图所示。

② 个人界面 ▶

STEP 01 对前面绘制完成的界面背景进行复制，开始"个人界面"的制作，使用"矩形工具"绘制矩形，将所需的风景照片添加到其中；选中风景照片所在的图层，执行"图层>创建剪贴蒙版"菜单命令创建剪贴蒙版，在"图层"面板中可以看到图层之间的变化，如下图所示。

STEP 02 将所需的人像图片添加到图像窗口中，使用与STEP01中相同的方法对人像的显示进行编辑，并通过"描边"样式修饰人像的边缘，如下图所示。

STEP 03 使用"圆角矩形工具"绘制按钮，然后使用"横排文字工具"添加所需的文字，并将文字放在界面上适当的位置，在图像窗口中可以看到编辑的结果，如下图所示。

STEP 04 使用"横排文字工具"在界面上适当的位置单击，输入所需的文字，打开"字符"面板对文字的间距、字体、字间距等文字的属性进行设置，在图像窗口中可以看到编辑的结果，如右图所示。

STEP 05 使用"矩形工具"绘制矩形，并添加线条；然后分别为矩形和线条设置不同的填充色，无描边色，并按照所需的位置进行摆放，在图像窗口中可以看到编辑的结果，如下图所示。

STEP 06 使用"横排文字工具"在界面上适当的位置单击，输入所需的文字，打开"字符"面板对文字的属性进行设置，在图像窗口中可以看到编辑的结果，如下图所示。

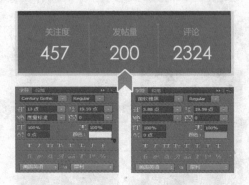

❸ 制作新闻首页界面 ▶

STEP 01 对前面绘制的界面背景进行复制，开始"新闻首页界面"的制作，使用"矩形工具"绘制线条，并添加文字，制作出界面的标题栏，如下图所示。

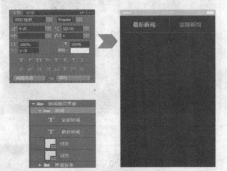

STEP 02 使用"矩形工具"和"横排文字工具"为界面添加所需的元素，并适当调整各个元素的色彩和设置，在图像窗口中可以看到编辑的结果，如下图所示。

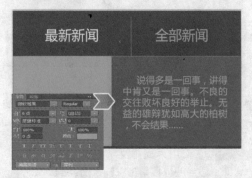

STEP 03 添加所需的图像素材到文件中，并通过创建剪贴蒙版对图像的显示效果进行控制，在图像窗口中可以看到编辑的结果，如右图所示。

STEP 04 参考前两个步骤的编辑方法完成界面中其余新闻信息的编辑，并创建图层组对图层进行归类管理，在图像窗口中可以看到编辑的结果，如右图所示。

提示 在对多个相同设置或者相同内容的功能区域进行编辑的过程中，可以通过复制图层组的方式来保持文字和图形对象的一致性，最后再更改局部图像，这样就能提高编辑的效率。

4 制作下载分区界面 ▶

STEP 01 对前面绘制的界面背景进行复制，开始"下载分区界面"的制作，将所需的图标和文字添加到界面中，并适当调整各个元素的色彩，再使用线条对其进行分割，如下图所示。

STEP 02 使用"椭圆工具"绘制一个圆形，使用适当的"描边"样式对其进行修饰，无填充色；接着绘制播放图标，并将两个形状组合在一起，如下图所示。

STEP 03 绘制视频的背景，并使用"描边"和"投影"样式对背景形状的图层进行修饰；接着将视频的截图添加到文件中，并通过创建剪贴蒙版的方式效果对其显示进行控制，在图像窗口中可以看到编辑的效果，如下图所示。

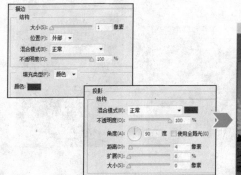

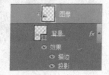

STEP 04 选择工具箱中的
"钢笔工具",绘制视频上
的反光形状,在工具的选项
栏中对其渐变填充色进行设
置,在图像窗口中可以看到
编辑的结果,如右图所示。

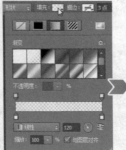 

STEP 05 使用"矩形工具"绘制页码背景,
并用"投影"样式进行修饰;再使用"横排文
字工具"添加所需的文字,同时绘制出箭头,
如下图所示。

STEP 07 使用"横排文字工具"在界面上适
当的位置单击,输入所需的文字,并为其添加
上所需的图标,在图像窗口中可以看到编辑的
结果,如下图所示。

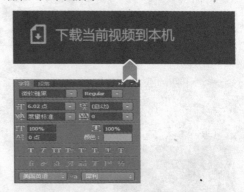

STEP 06 使用"横排文字工具"在界面上适
当的位置单击,输入所需的文字,打开"字
符"面板对文字的属性进行设置,在图像窗口
中可以看到编辑的结果,如下图所示。

STEP 08 对界面中的元素进行细微的调整,并
创建图层组对各个区域的图层进行分类管理,
完成下载分区界面效果的制作,如下图所示。

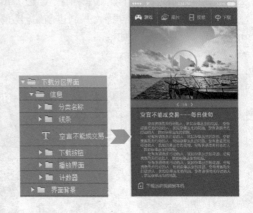

5 制作新闻内容界面 ▶

STEP 01 对前面绘制的界面背景进行复制，使用创建图层蒙版的方式对图像的显示进行调整，开始"新闻内容界面"的制作，在图像窗口中可以看到编辑的效果，如下图所示。

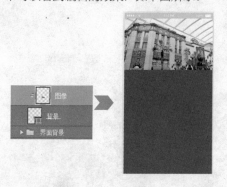

STEP 02 使用"横排文字工具"在界面上适当的位置单击，输入所需的文字，并为其添加所需的图标，在图像窗口中可以看到编辑的结果，如下图所示。

6 制作评论界面 ▶

STEP 01 对前面绘制的界面背景进行复制，开始"评论界面"的制作，使用"横排文字工具"添加所需的文字，并制作出"刷新"图标和界面所需的线条，如下图所示。

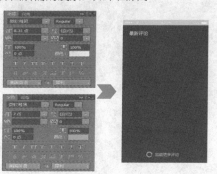

STEP 02 参考前面编辑人物头像的方式制作其余人物头像效果，并使用"矩形工具"对界面进行分区，同时添加所需的文字信息；然后用图层组对图层进行管理，如下图所示。

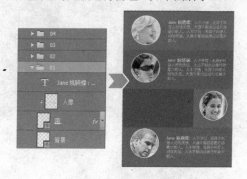

STEP 03 为界面中添加所需的图标，并按照一定的顺序进行排列，然后为其填充相同的颜色，完成本例的制作，在图像窗口中可以看到编辑的效果，如右图所示。

5.4 天气APP客户端UI设计

天气类APP是手机里不可或缺的软件之一，但是为了让天气应用在众多选择中脱颖而出，UI视觉设计就显得非常重要了。本例将制作一款天气预报APP的客户端UI界面，制作中使用统一的视觉元素和清爽的色调让作品给人舒适自然的感觉。

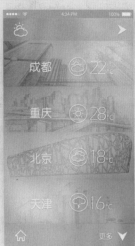

源文件 随书资源包\源文件\05\天气APP客户端UI设计.psd

5.4.1 项目任务

要求制作一款用于显示天气情况的APP客户端界面，包括锁屏界面、桌面插件界面、启动界面、主界面、菜单界面和切换城市界面，要求界面色彩清爽；色调一致，功能分区明确，天气信息显示清晰明了，使用较为简化的设计元素让界面更为直观。

5.4.2 提取关键字：清爽、简化、分区明确

从"项目任务"内容中提取较为关键的三个词语，即"清爽"、"简化"、"分区明确"，根据这些重要的信息，将脑海中的思路打散后重新整合，对界面中的对象进行细化，大致确定本案例中所涉及的界面配色、图标风格和功能分区，具体思路如下图所示。

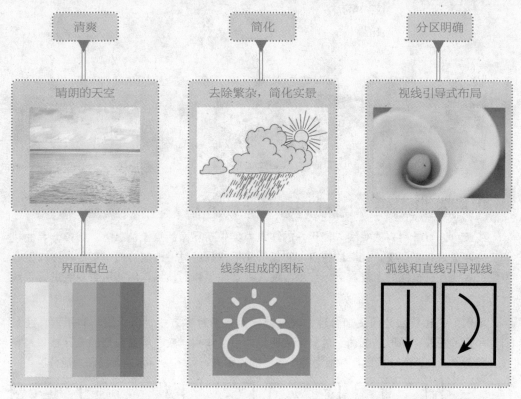

5.4.3 根据天气照片创作出天气图标

在设计天气应用之前，需要准备多种不同的天气图标，用于对天气进行抽象表现，统一这些图标的风格对整个界面的设计具有非常重要的影响。从关键词"简化"敲定"线条感的图标"设计思路，在创作过程中，通过大量的天气照片锁定不同天气的重要表现元素，并利用相同宽度的线条来对图标进行制作。

在设计图标之前，首先准备大量的天气照片，接着在其中选择具有代表性特征的元素，将其裁剪下来，然后通过具象化，将边缘较为模糊或不够完整的对象，用矢量绘图的方式表现出来，最后根据设计所需对天气图标进行简化。具体的操作流程如下图所示。

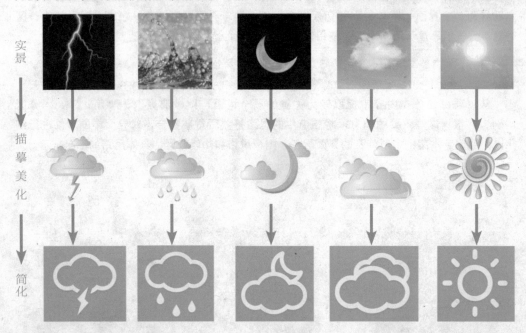

5.4.4 利用线条进行视线引导式布局

线条可以引导用户的视线，使用户的注意力集中在界面的重要信息上。线条分为曲线和直线，曲线具有柔美、优雅的特点，它能够使用户视线时时改变方向，引导视线向重心发展；直线具有很强的力度，可以给画面注入稳定和平静的情绪，能够引导视线进行直线移动。

本例为了让界面分区更加合理，大部分界面采用对称方式进行构图，利用垂直线条引导用户的视线，同时搭配曲线对象形成明显的引导作用，赋予界面强烈的设计感和趣味性。案例要求设计六个界面，并根据每个界面的作用进行如下图所示的布局和功能分区。

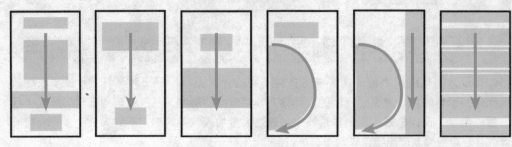

5.4.5 ▷ 剖析案例制作步骤

❶ 制作锁屏界面 ▷

STEP 01 新建文档，为文档添加所需的背景素材，并将其调整到所需的大小，接着使用"矩形工具"绘制矩形填充颜色后，放在界面的顶部，作为手机状态栏的底色，如下图所示。

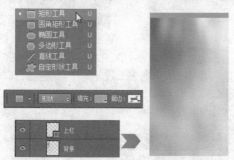

STEP 02 为界面添加手机状态栏中所需的信息，接着为其应用"颜色叠加"图层样式，并在相应的选项卡中设置参数，在图像窗口可以看到编辑的效果，如下图所示。

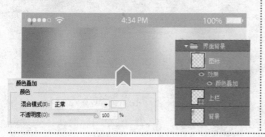

STEP 03 使用"椭圆工具"在界面的中间位置绘制一个正圆形，填充白色，无描边色；接着在"图层"面板中设置其"不透明度"为10%，如下图所示。

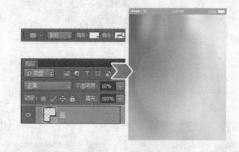

STEP 04 选择工具箱中的"钢笔工具"，在其选项栏中设置填充色为白色，无描边色，绘制出所需的天气图标；然后结合"路径操作"菜单中的命令创建复合形状，如下图所示。

STEP 05 双击绘制的图标形状图层，在打开的"图层样式"对话框中勾选"投影"、"描边"和"颜色叠加"复选框，使用这三个样式对图标进行修饰，在相应的选项卡中设置各个参数，完成设置后在图像窗口中可以看到编辑后的效果，如下图所示。

STEP 06 使用"横排文字工具"输入所需的
文字，将其放在界面的顶部；接着打开"字
符"面板设置文字属性，并使用"外发光"图
层样式对文字进行修饰，如下图所示。

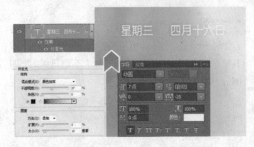

STEP 07 继续使用"横排文字工具"为界面
添加所需的温度显示，打开"字符"面板分别
对不同文字的字体、字号、字间距和颜色进行
设置，如下图所示。

STEP 08 双击添加的文字图层，在打开的
"图层样式"对话框中为文字添加"投影"和
"颜色叠加"图层样式，并对相应的选项卡进
行设置，如下图所示。

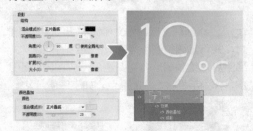

STEP 09 使用"钢笔工具"绘制所需的曲
线，接着使用"椭圆工具"绘制圆形，并在相
应的选项栏中对绘制的形状进行描边色和描边
粗细的设置，如下图所示。

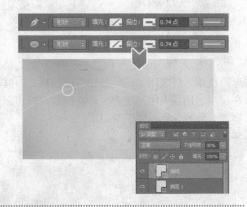

STEP 10 使用"横排文字工具"在界面适当的位置添加所需的时间，并打开"字符"面板对文
字的属性进行设置；接着使用"自动形状工具"绘制上箭头形状，设置其填充色为白色，为其添
加与19℃字样相同设置的图层样式，在图像窗口可以看到编辑的效果，如下图所示。

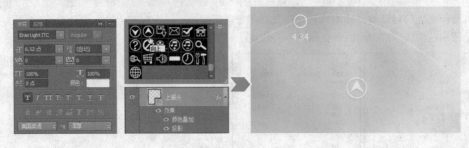

STEP 11 使用"横排文字工具"在适当的位置添加文字"向上滑动解锁",接着打开"字符"面板对文字的属性进行设置,并为其添加与19℃字样相同设置的图层样式,完成锁屏界面的编辑,如右图所示。

2 制作桌面插件界面 ▶

STEP 01 对"锁屏界面"中绘制的"界面背景"图层组进行复制,接着根据界面的大小创建选区,并为选区创建颜色填充图层,降低其"不透明度"为15%,如下图所示。

STEP 02 对"锁屏界面"中绘制的图标、温度数字和时间进行复制,分别执行"编辑>自由变换"菜单命令,对其进行大小调整后放在界面上适当的位置,如下图所示。

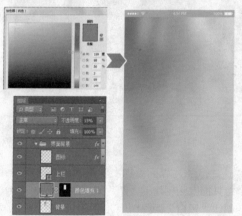

STEP 03 使用"横排文字工具"添加上CHENGDU字样,接着使用"自定形状工具"为界面添加右箭头的形状,将19℃字样的图层样式复制并粘贴到添加的文字和形状图层上,如右图所示。

STEP 04 使用"矩形工具"绘制一条矩形，作为分界线条放在适当的位置，接着在"图层"面板中设置"不透明度"为80%，在图像窗口中可看到编辑结果，如下图所示。

STEP 05 使用"自定形状工具"绘制圆环，为其填充白色，再将19℃字样的图层样式复制并粘贴到绘制的圆环上，在图像窗口可以看到编辑的效果，如下图所示。

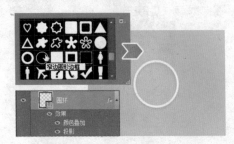

STEP 06 使用"自定形状工具"绘制所需的方块，为其填充白色，将19℃字样的图层样式复制并粘贴到绘制的方块形状图层上，对界面上的对象进行细微调整，完成桌面插件界面的制作，在图像窗口中可以看到编辑的结果，如右图所示。

③ 制作启动界面 ▶

STEP 01 对"锁屏界面"中绘制的"界面背景"图层组、图标、圆进行复制，并适当调整其大小；接着为界面添加所需的文字，并使用图层样式对其进行修饰，如下图所示。

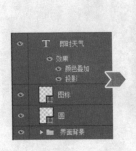

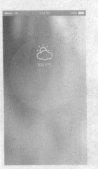

STEP 02 为界面添加上所需的风景照片，并将其拖曳到创建的"图片集"图层组中；接着创建"黑白"调整图层，将照片转换为双色调效果，完成启动界面的制作，如下图所示。

❹ 制作主界面 ▶

STEP 01 对"锁屏界面"中绘制的"界面背景"图层组进行复制，使用"椭圆工具"绘制三个大小不等的圆形，将其居中排列，并放在界面适当的位置，最后调整"图层"面板中的"不透明度"选项参数，在图像窗口可以看到编辑后的效果，如右图所示。

  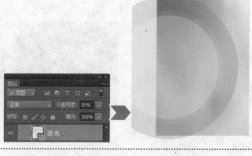

STEP 02 将绘制的圆形编组到图层组"圆"中，然后使用"矩形选框工具"创建矩形的选区，并为图层组添加图层蒙版对圆形进行遮盖，控制其显示区域，如下图所示。

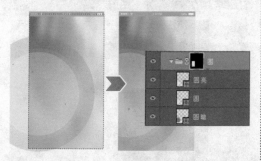

STEP 03 对前面绘制的图标和文字进行复制，并适当调整其大小后放在界面上适当的位置，在图像窗口中可以看到编辑后的效果，如下图所示。

STEP 04 使用"钢笔工具"绘制箭头，并使用与文字相同的图层样式对其进行修饰，放在界面的右上角位置，在图像窗口中可以看到编辑后的效果，如下图所示。

STEP 05 使用"椭圆工具"绘制圆形，接着添加上文字和图标，并使用"颜色叠加"和外发光样式对其进行修饰，然后将其放在界面适当的位置，如下图所示。

STEP 06 参考前面绘制图标和编辑文字的方法，为界面添加其余信息，并通过创建图层组的方式对图层进行归类管理，完成主界面的绘制，在图像窗口中可以看到编辑的效果，如右图所示。

5 制作菜单界面 ▶

STEP 01 对绘制的主界面进行复制，开始菜单界面的绘制，使用"矩形工具"绘制一个矩形，填充适当的颜色后降低其"不透明度"为70%，如下图所示。

STEP 02 使用"横排文字工具"在界面适当的位置添加文字，并打开"字符"和"段落"面板对文字的属性进行设置，在图像窗口可以看到编辑的效果，如下图所示。

STEP 03 使用"投影"图层样式对添加的文字进行修饰，接着添加其余文字内容，使用"颜色叠加"和"投影"样式进行修饰，并在"字符"面板中设置文字属性，如下图所示。

  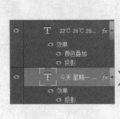 

STEP **04** 对前面绘制完成的图标进行复制，适当调整每个图标的大小后放在界面适当的位置上，然后创建图层组"天气图标"，将天气图标形状图层拖曳到其中，如下图所示。

STEP **05** 为界面中添加所需的图标，并使用"颜色叠加"和"投影"图层样式对其进行修饰，然后将其放在界面适当的位置，完成菜单界面的制作，如下图所示。

6 制作切换城市界面 ▶

STEP **01** 对前面绘制的界面背景进行复制，使用"矩形工具"绘制矩形，并填充上适当的颜色，然后添加所需的图标，开始切换城市界面的制作，如下图所示。

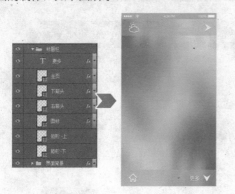

STEP **02** 为界面上添加所需的城市建筑图案，并将其图层混合模式设置为"柔光"，"不透明度"设为70%，然后使用"内阴影"对其进行修饰，如下图所示。

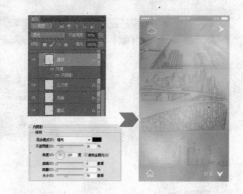

STEP **03** 对前面绘制的图标以及添加的文字进行复制，适当调整图标和文字的大小后放在界面的适当位置上，在图像窗口中可以看到本例编辑的最终效果，如右图所示。

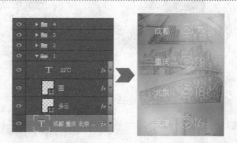

5.5 美食APP客户端UI设计

美食类APP围绕餐饮、团购、推荐等对不同地区的美食进行介绍，它能够让使用者通过对价格、美食类型、位置等条件的筛选来选择出所需的餐饮环境进行就餐。其界面的设计需要营造出能够激发食欲的效果，并可清晰明了地传递美食的信息。

源文件 随书资源包\源文件\05\美食APP客户端UI设计.psd

5.5.1 项目任务

制作一组用于Android系统的，以美食为主要内容的APP客户端界面，主要包括"欢迎界面"、"美食推荐界面"、"菜单界面"、"商家优惠界面"、"用户界面"和"评论信息界面"，要求界面中使用的色彩能够触动用户的味蕾，界面中要有标题栏和图标栏，同时界面分区清晰，信息丰富。

5.5.2 提取关键字：美食、Android、功能清晰

从"项目任务"中得知本案例制作中所要注意的一些问题和要求，从中我们获取了很多有效的信息，提炼出"美食"。"Android"和"清晰"等关键词，分别对关键词进行联想，再结合"项目任务"中的阐述完成界面配色、设计风格和布局的定义，具体如下图所示。

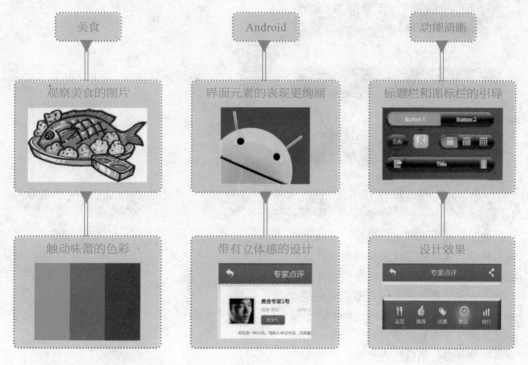

本例为美食APP设计界面，为让界面色彩与主题一致，配色使用暖色调进行制作，因为暖色调会给人艳丽、饱满、热情和辉煌的感觉，能够引起食欲；另外一方面，本例是为Android系统设计的界面，基于Android系统的包容性和自由性，在设计中可以为界面元素添加上阴影、渐变色、发光等特效，让界面中的设计元素更具质感和立体感。

"项目任务"中明确提出界面中需要添加标题栏和图标栏，在本例后期的设计中使用暖色调的配色和添加特效的方式来完成标题栏和图标栏的制作，力求让整个界面呈现充实、芳香、热情的视觉效果。

5.5.3 多种特效打造立体感的界面元素

为Android系统设计APP客户端的界面，鉴于Android系统强大的包容性和较为自由的设计风格，可以在设计中为界面元素添加多种不同特效，如描边、阴影、发光、浮雕等，让界面元素呈现的效果更加具有视觉冲击力，同时表现出较强的立体感和质感。

以本案例中的标题栏为例，如下图所示展示了该元素制作的大致过程，并通过"图层样式"的添加和编辑，让原本平淡无奇的形状变得更加生动、精致。

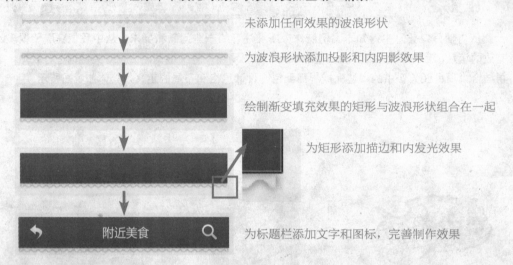

未添加任何效果的波浪形状

为波浪形状添加投影和内阴影效果

绘制渐变填充效果的矩形与波浪形状组合在一起

为矩形添加描边和内发光效果

为标题栏添加文字和图标，完善制作效果

5.5.4 利用底纹使界面更精致

为了让界面更精致，在设计界面背景的过程中为其添加了与烹饪相关的剪影，以及细小颗粒状的底纹，对界面的背景进行修饰。由于剪影有不同的图案和不同的层次，能够表现出与主题一致的内容和情感，同时让整个画面显得更加活泼，这种对画面背景进行修饰的方式是设计过程中常用的一种方法。

值得注意的是，界面背景的制作要注意色彩的把握，首先要保证主体要清晰明了，背景不能过于复杂，这样才有利于浏览者辨别需要了解的信息。背景的色彩搭配应尽量选用同一色系的颜色，底纹只是点缀作用，而不能喧宾夺主，如右图所示。

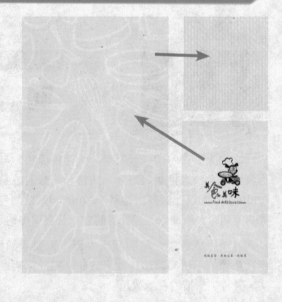

5.5.5 剖析案例制作步骤

1 制作欢迎界面 ▶

STEP 01 新建文档，使用"矩形工具"绘制界面的背景，并使用"颜色叠加"和"图案叠加"样式对背景矩形进行修饰，在图像窗口中可以看到编辑的效果，如下图所示。

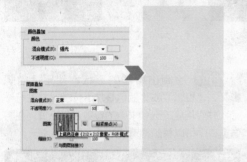

STEP 02 绘制界面顶部的状态栏，使用颜色R125、G0、B0对状态栏的矩形进行填充，无描边色，在图像窗口中可以看到绘制完成的界面背景，如下图所示。

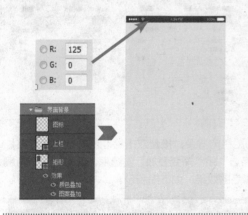

STEP 03 将所需的图案素材添加到文件中，接着将背景矩形添加到选区，单击"图层"面板底部的"添加图层蒙版"按钮，为图层添加图层蒙版，如下图所示。

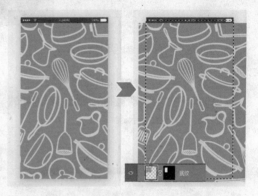

STEP 04 在"图层"面板中设置添加的素材图层的混合模式为"柔光"，在图像窗口中可以看到编辑后的效果，如下图所示。

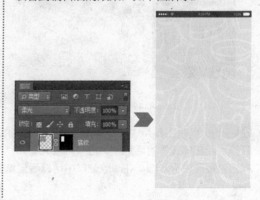

STEP 05 将所需的卡通素材添加到图像窗口中，适当调整其大小，然后在"图层"面板中设置其混合模式为"变暗"，在图像窗口中可以看到编辑效果，如右图所示。

STEP 06 选择工具箱中的"横排文字工具",在界面适当的位置单击,输入所需的文字,接着打开"字符"面板,对文字的字体、字号、字间距和文字颜色进行设置,在图像窗口中可以看到欢迎界面绘制完成的效果,如右图所示。

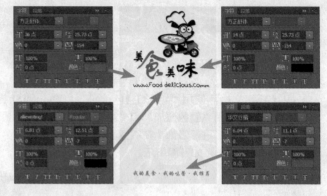

② 制作附近美食界面 ▶

STEP 01 对绘制完成的界面背景进行复制,在图像窗口中适当移动复制的图层,作为新的界面背景,如下图所示。

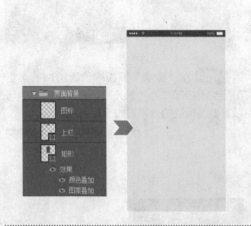

STEP 02 绘制出所需的形状,使用"内阴影"、"投影"和"颜色叠加"样式对其进行修饰,并对相应的选项卡中的参数进行设置,在图像窗口中可以看到编辑的效果,如下图所示。

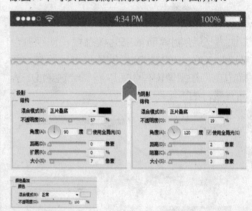

STEP 03 选择工具箱中的"矩形工具",绘制标题栏的背景;接着双击绘制的形状图层,在打开的"图层样式"对话框中勾选"内发光"、"描边"和"渐变叠加"复选框,使用这三个图层样式对矩形进行修饰,在图像窗口中可以看到编辑后的效果,如下图所示。

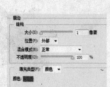

STEP **04** 使用"横排文字工具"在适当的位置单击，输入标题文字，打开"字符"面板设置文字的属性，并为标题栏添加图标，使用"渐变叠加"和"投影"样式对图标进行修饰，如下图所示。

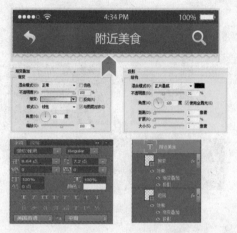

STEP **05** 使用"矩形工具"绘制矩形，通过添加文字、图标等内容来对所绘制的美食组进行修饰，并用适当的图层样式进行编辑，在图像窗口可看到编辑结果，如下图所示。

STEP **06** 将所需的照片添加到界面中，使用图层蒙版对其显示进行控制，接着创建色阶调整图层，设置RGB选项下的色阶值分别为11、1.83、233，对图像的层次进行调整，在图像窗口可看到编辑的效果，如下图所示。

STEP **07** 对编辑完成的"美食组"图层组进行复制，调整每个图层组的位置，按照一定的位置进行排列，在图像窗口中可以看到编辑后的效果，如下图所示。

STEP **08** 使用"钢笔工具"绘制界面底部图标栏的背景，并将标题栏背景矩形所使用的图层样式复制粘贴到图标栏的背景中，在图像窗口可看到编辑的效果，如右图所示。

STEP 09 选择工具箱中的"画笔工具"，在其选项栏中对画笔的形态进行设置，接着在图标栏的适当位置单击，绘制光晕的效果，最后用"颜色叠加"样式对其进行修饰，如下图所示。

STEP 10 为图标栏添加所需的图标，接着使用"渐变叠加"和"投影"样式对其进行修饰，最后添加所需的文字，完成"附近美食界面"的制作，如下图所示。

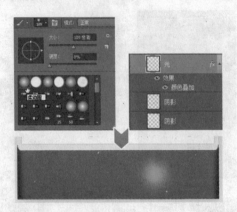

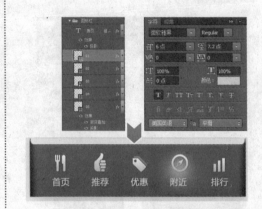

③ 制作菜单界面 ▶

STEP 01 对绘制完成的"附近美食界面"进行复制，接着使用"矩形工具"绘制一个矩形，将界面部分区域遮盖住，然后在"图层"面板中设置"填充"为50%，如下图所示。

STEP 02 使用"钢笔工具"绘制菜单的背景，使用"投影"和"颜色叠加"样式对绘制的形状进行修饰，并在相应的选项卡中对各个参数进行设置，如下图所示。

STEP 03 在菜单的底部绘制所需的形状，使用标题栏背景矩形的图层样式对其进行修饰，并为其添加"描边"、"内发光"和"颜色叠加"样式，在图像窗口中可以看到编辑的效果，如右图所示。

STEP **04** 使用"圆角矩形工具"绘制菜单顶部所需的形状，接着利用"渐变叠加"样式对其进行修饰，对相应的选项进行设置，在图像窗口中可看到编辑的结果，如下图所示。

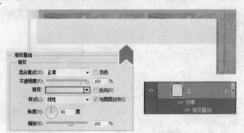

STEP **05** 选择工具箱中的"横排文字工具"，在适当的位置单击，输入所需的文字，打开"字符"面板设置文字的属性，最后添加箭头图标，如下图所示。

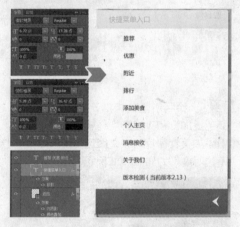

STEP **06** 为菜单中添加所需的图标素材，也可以使用"钢笔工具"根据需要绘制图标，为图标设置相同的填充色后按照一定的顺序排列在菜单中，如下图所示。

STEP **07** 对前面LOGO中添加的文字进行复制，并将复制后的文字合并在一起，将其转换为智能对象图层，再使用白色的"颜色叠加"样式对其进行修饰，放在菜单底部，如下图所示。

STEP **08** 将所有编辑完成的菜单图层添加到创建的"菜单"图层组，将界面的背景矩形添加到选区，接着单击"图层"面板底部的"添加图层蒙版"按钮，为图层组添加上蒙版，对其显示效果进行控制，在图像窗口中可以看到编辑的结果，如右图所示。

提示 对图层组添加图层蒙版、编辑图层蒙版的方式和技巧与编辑单个图层蒙版一样，也可以首先创建选区，接着添加图层蒙版，让显示的图像区域符合设计需要。

4 制作商家优惠界面 ▶

STEP 01 对前面绘制完成的界面背景、标题栏和图标栏进行复制，开始商家优惠界面的制作，并对标题栏中的文字信息进行更改，如下图所示。

STEP 02 使用"矩形工具"绘制所需的形状，使用"描边"、"颜色叠加"和"投影"进行修饰，接着绘制线条，使用"投影"样式增加其层次感，如下图所示。

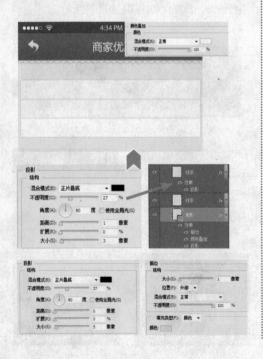

STEP 03 选择工具箱中的"横排文字工具"，在适当的位置单击，输入所需的文字，使用"投影"样式进行修饰，并为界面添加所需的图标，完善界面的内容，如下图所示。

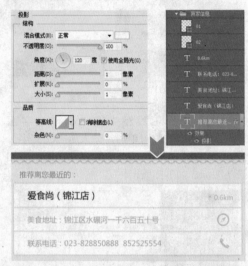

STEP 04 绘制所需的矩形，使用"描边"、"颜色叠加"和"投影"样式对其进行修饰，接着添加美食图片，在"图层"面板中设置其"不透明度"为50%，如下图所示。

STEP 05 使用"横排文字工具"为界面添加所需的文字，接着绘制标签的形状，使用与标题栏背景矩形相同的图层样式对其进行修饰，然后将编辑好的标签放在适当的位置，如下图所示。

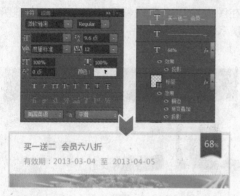

STEP 06 使用"圆角矩形工具"在适当的位置绘制按钮的形状，使用"描边"、"渐变叠加"和"投影"样式，对按钮进行修饰，如下图所示。

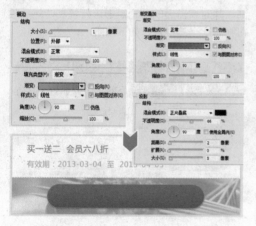

STEP 07 为按钮添加所需的图标和文字，并使用"投影"样式对图标和文字进行修饰，使其更具层次感，在图像窗口中可以看到按钮编辑后的结果，如下图所示。

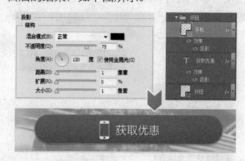

STEP 08 使用"矩形工具"绘制所需的形状，为其填充适当的颜色后用图层样式进行修饰，最后使用"横排文字工具"添加所需的文字，如下图所示。

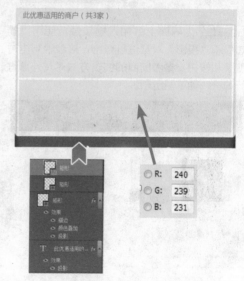

STEP 09 为界面上适当的位置添加美食图片，并使用"横排文字工具"添加信息文字，调整文字的属性和位置，同时绘制位置图标，完成商家优惠界面的制作，如右图所示。

⑤ 制作用户界面 ▶

STEP 01 对前面绘制完成的界面背景、标题栏和图标栏进行复制，并调整标题栏中文字的内容，接着绘制所需的矩形，开始用户界面的制作，如下图所示。

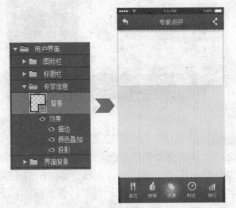

STEP 02 为界面上添加人物头像，使用"描边"和"投影"对其进行修饰，接着绘制出进度条和按钮，参考前面的编辑方法对其外形进行统一，如下图所示。

STEP 03 使用"横排文字工具"在适当的位置单击，添加所需的文字，并调整文字的大小、色彩和位置，对界面的信息进行完善，在图像窗口中可以看到编辑结果，如下图所示。

STEP 04 在界面中绘制圆角矩形，使用"描边""渐变叠加"和"投影"样式对其进行修饰，并对编辑后的圆角矩形进行复制，然后放在界面适当的位置，如下图所示。

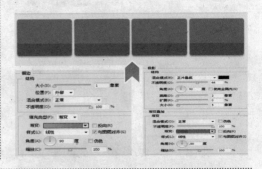

STEP 05 选择工具箱中的"横排文字工具"，在适当的位置单击并输入所需的文字，接着使用"投影"样式对部分文字进行修饰，并适当调整文字的位置，在图像窗口中可以看到编辑后的效果，如下图所示。

STEP 06 参考制作商家优惠界面的编辑方法，制作点评区域的内容，并为其添加所需的文字和图片，对每个元素的位置进行准确的安排，在图像窗口中可以看到用户界面绘制完成的效果，如右图所示。

6 制作评论信息界面 ▶

STEP 01 对绘制完成的界面背景、标题栏和图标栏进行复制，并对标题栏中的文字进行更改，开始评论信息界面的制作，在图像窗口中可以看到编辑的结果，如下图所示。

STEP 02 使用"矩形工具"绘制出所需的矩形，接着使用"圆角矩形工具"绘制文本框，并使用"描边"、"内阴影"和"渐变叠加"对其进行修饰，如下图所示。

 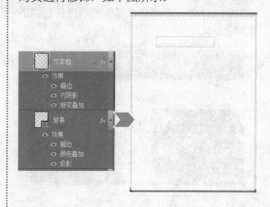

STEP 03 参考STEP02中的编辑方法，绘制出界面中所需的其他文本框和矩形，并适当调整矩形和文本框的大小，按照一定的顺序对其进行调整，在图像窗口中可以看到编辑的效果，如右图所示。

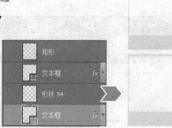

STEP **04** 参考绘制按钮的方法和设置，为当前绘制的界面添加按钮，接着添加所需的相机和笑脸图标，并使用图层样式对图标进行修饰，如下图所示。

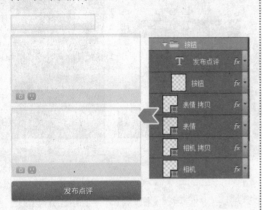

STEP **05** 使用"横排文字工具"在适当的位置单击，添加上所需的文字，并将所需的图标添加到文字中，适当调整其大小后放在适当的位置上，如下图所示。

STEP **06** 使用"横排文字工具"在文本框上适当的位置单击，输入所需的文字，适当调整文字的大小和颜色完善界面的内容，在图像窗口可以看到编辑的结果，如下图所示。

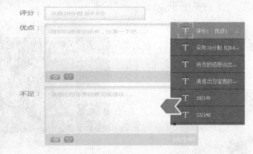

STEP **07** 在界面适当位置绘制矩形和线条，使用图层样式对绘制的形状进行修饰，并对绘制的形状进行位置调整，在图像窗口可以看到编辑的结果，如下图所示。

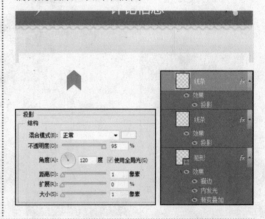

STEP **08** 选择"横排文字工具"为界面添加上所需的文字，并使用"投影"样式对文字进行修饰；接着使用"钢笔工具"绘制三角形，用"内阴影"和"投影"样式对其进行修饰，完成本案例的制作，如下图所示。

医院APP客户端UI设计

医院APP是在数字化医院建设的基础上，创新性地将现代移动终端作为切入点，将手机的移动便携特性充分应用到就医流程中。在设计医院APP客户端界面的过程中，要注意医院各项功能、就医流程等方面，促进医院信息化建设。

源文件 随书资源包\源文件\05\医院APP客户端UI设计.psd

5.6.1 项目任务

要求设计一组用于联系患者和医院的APP客户端界面，主要应用在Android系统中，界面中的图标要直观，易于理解，同时视图模式之间要保持一定的统一性，制作主要包括"菜单界面"、"地图导航界面"、"病例详情界面"、"电子账单界面"、"单据明细界面"和"电子病历界面"，每个界面设计应体现出APP与医院之间的沟通关系，同时便于操作和使用，如右图所示。

5.6.2 提取关键字：医院、直观、统一

医院是指以向人提供医疗护理服务为主要目的医疗机构，谈起医院，人们通常会想到心电图，因此本案例中使用心电图这个具有代表性的图案作为界面背景。从"项目任务"中提炼了"直观"这个关键词，让人联想到"一目了然"的视觉效果，在设计图标的过程中，我们使用了具象化的图标对界面中的功能进行展示，让用户从图标就能准确地知道该项功能的作用。最后再通过统一的色彩和风格定义配色和部件外形，进而体现出界面设计的统一性和协调性，这一点也与"项目任务"的要求相互一致，具体如下图所示。

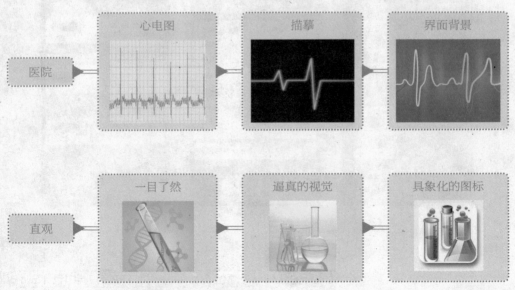

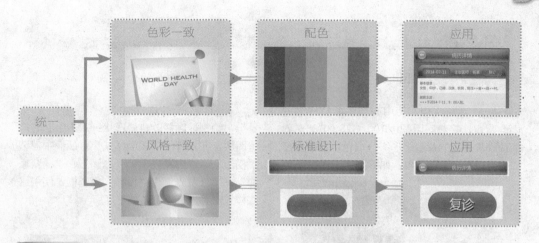

5.6.3 根据界面内容定义布局

在"项目任务"中对本案例中的APP所需制作的界面内容进行了规定，根据这些规定，再参考现实医院使用的单据，可以对每个界面的布局进行大致的规划，让每个界面在脑海中形成一定的雏形，便于后期的编排。

由于医院中使用的电子病历、账单等元素多为表格形式，但是手机界面中所能表现的视觉范围有限，因此，在实际的设计中可以对其进行简化，提炼出重要的信息，把重点内容展示出来。另外，因为医院APP中的信息较多，为了便于用户的操作，每个界面应安排标题栏和图标栏，其具体如下图所示。

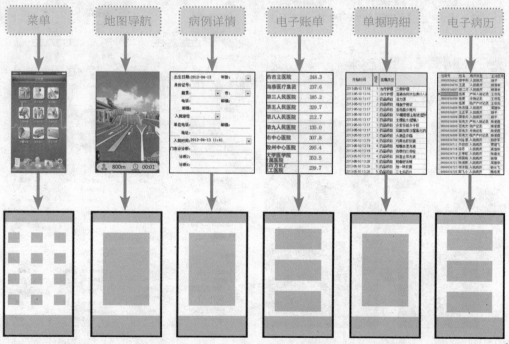

5.6.4 剖析案例制作步骤

1 制作菜单界面 ▶

STEP 01 新建文档，使用心电图素材作为界面的背景，接着使用颜色R0、G28、B88对界面顶部状态栏的背景矩形进行填色，在图像窗口中可以看到编辑结果，如下图所示。

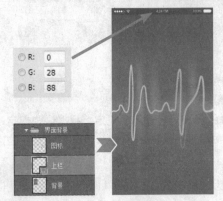

STEP 02 将界面背景添加到选区，为选区创建"渐变填充"调整图层，在打开的"渐变填充"对话框中对渐变色进行编辑，在图像窗口中可看到绘制完成的界面背景效果，如下图所示。

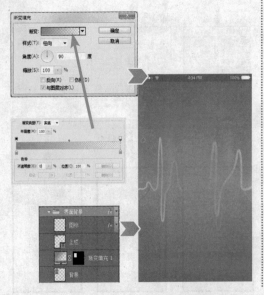

STEP 03 选择工具箱中的"圆角矩形工具"，绘制标题栏的背景形状；双击绘制的形状图层，在打开的"图层样式"对话框中勾选"描边"、"内发光"、"光泽"、"渐变叠加"、"外发光"和"投影"复选框，使用这些样式对其进行修饰，如下图所示。

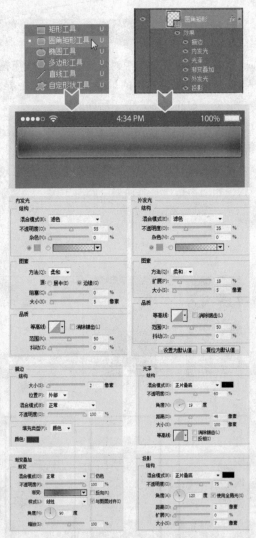

STEP 04 使用"椭圆工具"绘制白色的椭圆，利用"图层蒙版"对其显示效果进行控制，并在"图层"面板中设置设置其"不透明度"选项的参数为10%，如下图所示。

STEP 05 新建图层，命名为"光下"，使用白色的"画笔工具"在标题栏背景的下方进行涂抹，并用图层蒙版控制其显示效果，最后设置图层混合模式为"叠加"，"不透明度"为53%，如下图所示。

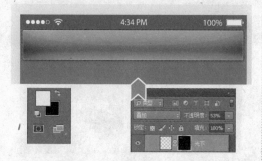

STEP 06 使用工具箱中的"横排文字工具"在适当的位置单击，输入所需的文本，打开"字符"面板对文字属性进行设置，并通过"投影"样式对其进行修饰，如下图所示。

STEP 07 将所需的素材图片添加到文件中，使用"圆角矩形工具"绘制路径；接着将绘制的路径转换为选区，使用选区为添加的素材图片图层添加图层蒙版，如下图所示。

STEP 08 双击添加图层蒙版后的图层，在打开的"图层样式"对话框中勾选"描边"、"投影"复选框，并对相应的选项进行设置，在图像窗口中可以看到编辑的效果，如下图所示。

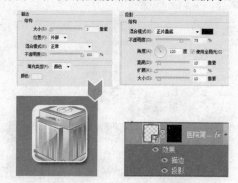

STEP 09 参考STEP 07、08的编辑方法，将其余素材也添加到文件中，使用图层蒙版控制其显示效果，并使用"描边"和"投影"样式对其进行修饰，如下图所示。

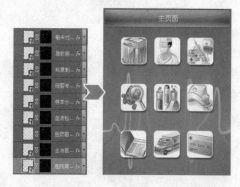

STEP 10 选择工具箱中的"横排文字工具",在适当的位置单击并输入所需的文字,打开"字符"面板对文字属性进行设置,并使用"投影"样式进行修饰,如下图所示。

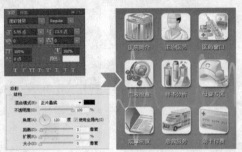

STEP 11 使用"钢笔工具"绘制所需的形状,填充适当的颜色,并使用"描边"和"渐变叠加"样式对梯形形状的图层进行修饰,制作出平台的效果,如下图所示。

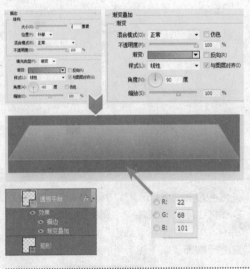

STEP 12 选择"画笔工具",在其选项栏中设置画笔的形态,接着新建图层,命名为"光",设置好前景色后使用"画笔工具"绘制平台上的光点,如下图所示。

STEP 13 将所需的图标素材添加到界面窗口中,并适当调整其大小,放在界面的底部;接着新建图层,命名为"光",使用"画笔工具"对平台边缘进行修饰,如下图所示。

STEP 14 使用"横排文字工具"在适当的位置单击,输入所需的文字,接着使用"投影"样式对文字进行修饰,在图像窗口中可以看到编辑的效果,如右图所示。

❷ 制作地图导航界面 ▶

STEP 01 对绘制完成的界面背景和标题栏进行复制，并适当调整标题栏中文字的信息，开始"地图导航界面"的制作，在图像窗口中可以看到编辑的结果，如下图所示。

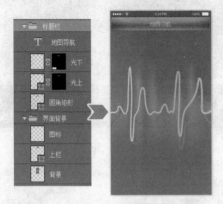

STEP 02 使用"椭圆工具"绘制所需的按钮，并使用"斜面和浮雕"、"描边"、"内阴影"、"渐变叠加"和"投影"样式进行修饰，最后添加箭头形状，如下图所示。

STEP 03 使用"钢笔工具"绘制所需的形状，接着使用与标题栏背景中的圆角矩形相同的图层样式对其进行修饰，并把绘制的形状放在适当的位置，如下图所示。

STEP 04 绘制白色的矩形，并将其放在界面的中间；接着对标题栏中的背景圆角矩形进行复制，适当调整其大小后将其放在界面的底部，在图像窗口中可以看到编辑后的结果，如下图所示。

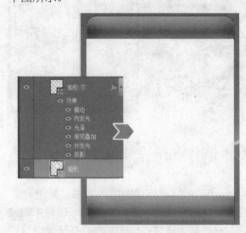

STEP 05 使用"圆角矩形工具"绘制出界面中所需的按钮，参考圆形按钮对其进行编辑；接着为按钮添加上文字和图标，并使用"投影"样式对文字和图标进行修饰，在图像窗口中可以看到编辑的结果，如下图所示。

STEP 06 将所需的地图素材添加到界面中，适当调整其大小后放在适当的位置，然后使用"内发光"样式对其进行修饰，并适当调整设置的参数，如下图所示。

STEP 07 参考前面绘制圆形按钮和文字的编辑方法，为界面的底部添加所需的图标、文字和按钮，在图像窗口中可以看到导航界面的制作效果，如下图所示。

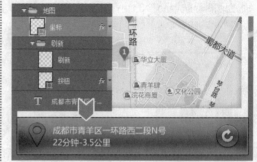

3 制作病历详情界面 ▶

STEP 01 对绘制完成的界面背景、标题栏、图标栏等进行复制，并适当修改标题栏中的文字，开始病历详情界面的制作，在图像窗口中可以看到编辑的结果，如下图所示。

STEP 02 参考导航界面的绘制方法，制作病历详情界面的背景，并使用不同颜色的矩形对界面进行分区，在图像窗口中可以看到编辑的结果，如下图所示。

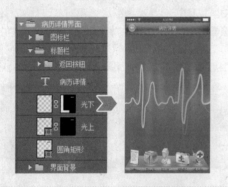

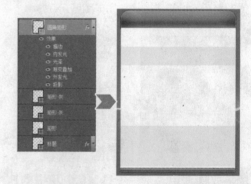

STEP 03 选择工具箱中的"横排文字工具"，在适当的位置单击，为界面添加所需的文字，并适当调整文字的大小和位置；然后为界面绘制出所需的按钮，完成"病历详情界面"的制作，如右图所示。

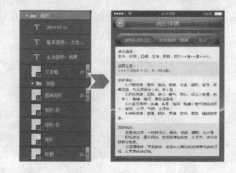

4 制作电子账单界面 ▶

STEP 01 对绘制完成的界面背景、标题栏和图标栏进行复制，并适当修改标题栏中的文字信息，开始电子账单界面的制作，在图像窗口中可以看到编辑的结果，如下图所示。

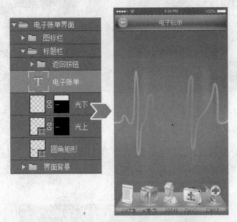

STEP 02 使用"圆角矩形"绘制所需的形状，使用与标题栏背景相同的图层样式对其进行修饰，再绘制一个圆角矩形，使用"内阴影"、"颜色叠加"和"描边"修饰，如下图所示。

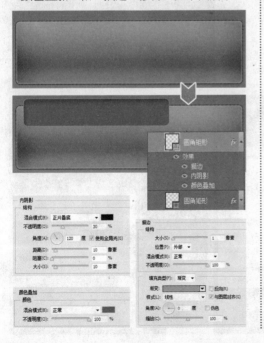

STEP 03 使用"圆角矩形工具"在适当的位置单击，绘制所需的圆角矩形，并使用"内发光"和"颜色叠加"样式对其进行修饰，在图像窗口中可以看到编辑的效果，如下图所示。

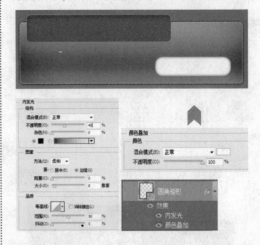

STEP 04 使用"横排文字工具"在适当的位置单击，输入所需的文字，并适当调整调整文字的属性，然后使用"投影"样式对文字进行修饰，如下图所示。

STEP 05 将前面编辑完成的图层进行编组，使用图层组对图层进行分类管理；接着对编辑的图层组进行复制，调整每组电子账单的位置，在图像窗口中可以看到编辑后的界面效果，完成电子账单界面的制作，如右图所示。

5 制作单据明细界面与电子病历界面 ▶

STEP 01 对前面绘制完成的界面背景、标题栏和图标栏进行复制，适当调整标题栏中的文字信息，开始单据明细界面和电子病历界面的制作，在图像窗口中可以看到这两个界面的大致编辑效果，如下图所示。

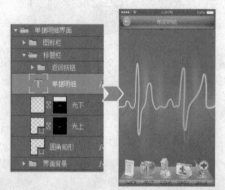

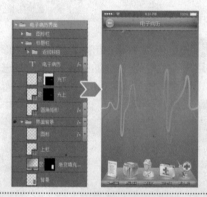

STEP 02 参考前面按钮、文字和其他界面元素的编辑方法，完善单据明细界面和电子病历界面中其余信息的编辑和制作，在图像窗口中可以看到编辑的结果，完成本案例的制作，如右图所示。

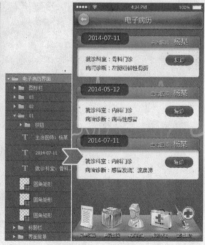

音乐APP客户端UI设计

音乐类的APP是以音乐为主要的信息传播内容，通过将新歌快递、音乐播放器、歌手信息等进行融合后设计的APP类型，它的作用不单单只用于播放歌曲，还可以将与音乐相关的新闻和资讯带给用户。在界面元素的设计中，应该让其表现更加的丰富。

源文件 随书资源包\源文件\05\音乐APP客户端UI设计.psd

5.7.1 项目任务

要求设计一组音乐APP客户端界面，主要用于Android系统，界面包括"欢迎界面"、"登录界面"、"菜单界面"、"播放界面"、"我的歌曲界面"和"歌曲列表界面"共六个界面，要求每个界面的色调一致，风格一致，要能表现出音乐的特点，并且具有较强的设计感和美感。

5.7.2 提取关键字：音乐、特点、Android

音乐已经是大部分人生活中必不可少的一部分，几乎每个人手机里都会有一款音乐类应用，在设计音乐APP界面的时候，应该注意，界面主体自身结构要清晰明了，背景不能过于复杂，这样才有利于浏览者辨别需要了解的信息。在背景色彩搭配上应尽量选用同一色系的颜色。

因此鉴于这些考虑，可从"项目任务"中提取三个较为关键的信息，首先明确设计的内容与音乐相关，其次要表现出音乐的特点，同时这个界面是为Android系统设计的。对这些信息进行扩展和联想，具体如下图所示。

本例通过"音乐"关键词确定APP的LOGO，除此之外，人们聆听音乐最大的目的就是享受愉悦、舒适的感觉，因此在配色上选择与其具有相同意义的橘黄色作为界面主色调，搭配明度较暗的深褐色进行对比搭配。最后来对界面的风格进行定义，为了让界面的

整体效果与众不同，在设计中可以为界面元素添加多种丰富的特效。这样的设计方式也是Android系统所能包容的，利用较强的质感和层次感来突显出画面的精致和细腻，避免由于设计元素过于单调而产生生硬的感觉。

5.7.3 以主色调进行配色扩展

通过关键词"特点"确定了界面的主色调，利用丰富的色彩来表现出层次感。在确定了主色调之后，将LOGO的配色添加到主色调中，使其形成完整的配色。在对界面进行设计和制作的过程中，利用确定的五种主要配色对界面中的元素进行颜色填充，就能让每个界面的配色一致，充分体现出UI设计的一致性原则，具体如下图所示。

5.7.4 根据LOGO风格定义界面按钮外观

在这个视觉享受为主的读图时代，界面设计带给用户的第一印象对于用户的选择起着重要作用。按钮是音乐APP中较为常用的一个控件，为了让用户有一个良好的体验，在设计按钮的时候，可以根据已经设计完成的LOGO的质感、色彩和特效来制作按钮。

如右图所示，LOGO具有一定的立体感，为同色系配色，并且LOGO的表面为渐变色填充，在掌握了这些信息之后，设计界面按钮的时候就可以根据这些特点制作出按钮，即为绘制的按钮形状添加"描边"、"渐变叠加"、"投影"和"内阴影"等图层样式，增强其视觉立体感。

5.7.5 剖析案例制作步骤

1 制作欢迎界面 ▶

STEP 01 新建文档，使用"矩形工具"、图层蒙版和素材文字等制作界面背景，并通过填充颜色R83、G83、B83来制作状态栏背景，如下图所示。

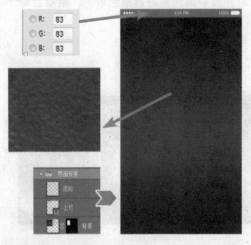

STEP 02 将所需的音乐素材图片添加到文件中，通过创建剪贴蒙版的方式来对图片的显示效果进行控制，并调整图层混合模式为"正片叠底"，调整"不透明度"为20%，如下图所示。

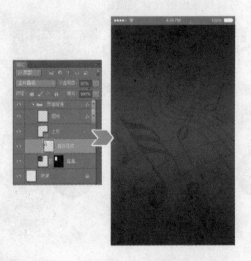

STEP 03 绘制LOGO的背景和阴影，使用"投影"样式对其进行修饰，并为圆角矩形填充渐变色，在图像窗口中可以看到编辑的结果，如下图所示。

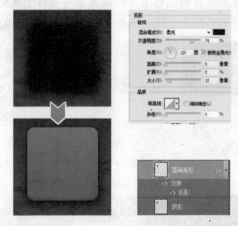

STEP 04 再绘制一个圆角矩形，使用"斜面和浮雕"、"内发光"和"渐变叠加"样式对其进行修饰，并适当调整各组选项的参数，在图像窗口中可以看到编辑的结果，如下图所示。

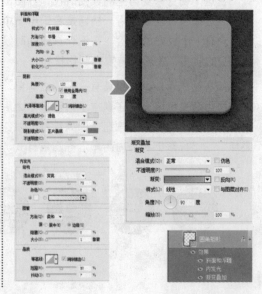

STEP 05 新建图层，分别命名为"两侧阴影"、"色彩"和"高光"，使用"画笔工具"在不同的图层中使用不同的色彩进行涂抹，如下图所示。

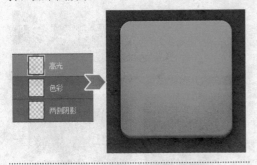

STEP 07 使用"横排文字工具"在适当的位置单击，为其添加上所需的文字，并使用"外发光"样式对部分文字进行修饰，完成"欢迎界面"的制作，如下图所示。

STEP 06 绘制音符的形状，并使用"斜面和浮雕"、"内发光"、"渐变叠加"和"投影"样式对形状进行修饰，然后放在界面中适当的位置，在图像窗口可看到编辑的结果，如下图所示。

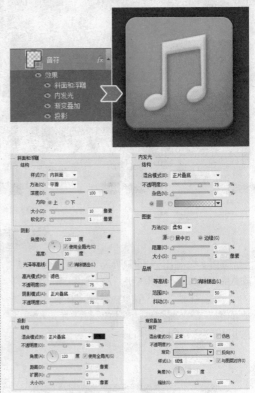

② 制作登录界面 ▶

STEP 01 对绘制完成的欢迎界面进行复制，接着调整界面中LOGO的大小和文字的位置，开始登录界面的制作，在图像窗口中可以看到编辑的结果，如下图所示。

STEP 02 使用"圆角矩形工具"绘制对话框的背景，使用多种图层样式对其进行修饰，在图像窗口中可以看到绘制完成的登录界面的背景效果，如下图所示。

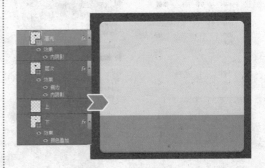

STEP 03 使用"圆角矩形工具"绘制出所需的形状，使用相应的图层样式对绘制的形状进行修饰，并在相应的选项卡中对选项的参数进行设置，在图像窗口中可以看到编辑的结果，如下图所示。

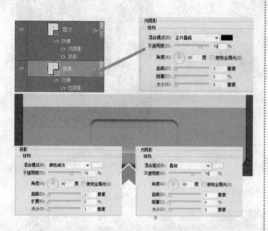

STEP 04 绘制出界面中所需的按钮形状，双击绘制得到的"圆角矩形"形状图层，在打开的"图层样式"对话框中勾选"内阴影"、"描边"和"渐变叠加"复选框，并对每组选项进行设置，如下图所示。

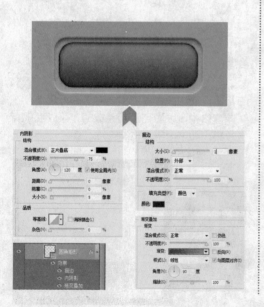

STEP 05 使用"横排文字工具"在按钮上适当的位置单击，添加上所需的文字，并打开"字符"面板对文字属性进行设置，最后用图层样式对文字进行修饰，如下图所示。

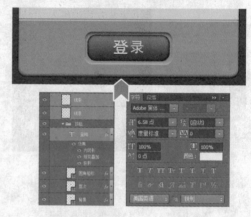

STEP 06 参考前面绘制按钮的方法和设置，绘制出登录对话框中的文本框，并使用文字和图标等进行修饰，完成"登录界面"的制作，如下图所示。

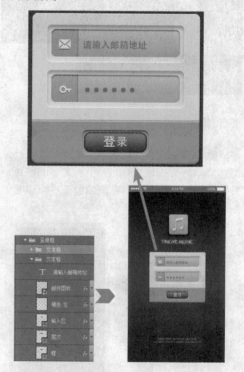

3 制作菜单界面 ▶

STEP 01 对前面绘制完成的界面背景进行复制，开始菜单界面的制作，绘制一个圆角矩形，使用图层样式对其进行修饰，并将其作为标题栏的背景，如下图所示。

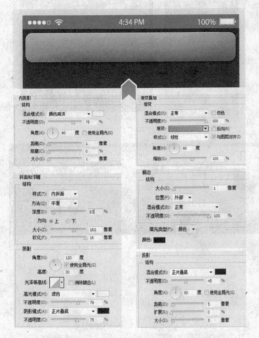

STEP 02 选择工具箱中的"横排文字工具"，在标题栏中添加文字，使用"渐变叠加"、"内阴影"和"投影"样式对文字进行修饰，再将文字放在标题栏的中间，如下图所示。

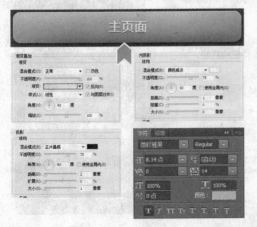

STEP 03 为界面添加所需的图标，或者绘制图标，再使用"描边"、"内阴影"、"渐变叠加"和"投影"样式对图标进行修饰，在图像窗口可以看到编辑的结果，如下图所示。

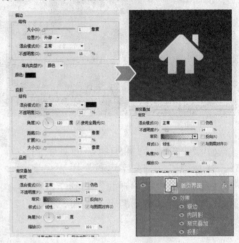

STEP 04 参考STEP 03中编辑图标的方法为界面添加其他图标，接着使用"横排文字工具"添加文字，并打开"字符"面板设置文字的属性，如下图所示。

STEP 05 使用"圆角矩形工具"绘制出所需的图标栏的背景，并使用多种图层样式对其进行修饰，使其呈现较强的视觉冲击力，在图像窗口可以看到编辑的结果，如下图所示。

STEP 06 参考前面编辑文字、标题栏背景以及文本框的制作和设置，制作界面中所需的按钮，并将其放在图标栏上，在图像窗口中可以看到编辑的效果，如下图所示。

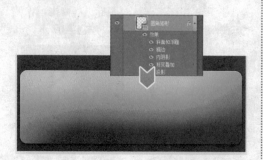

STEP 07 绘制出界面中所需的其余图标，并使用"横排文字工具"添加文字进行说明完成"菜单界面"的制作，在图像窗口中可以看到编辑的结果，如右图所示。

④ 制作播放界面 ▶

STEP 01 对前面绘制的标题栏、界面背景等进行复制，并参考前面绘制按钮的方法和设置，制作出界面中所需的按钮、滑块等元素，开始"播放界面"的制作，在图像窗口可以看到编辑的效果，如下图所示。

STEP 02 将所需的图片添加到界面中，并使用"横排文字工具"为界面添加上歌词信息，使用"图层蒙版"对歌词的显示进行控制，完成"播放界面"的制作，在图像窗口中可以看到编辑的效果，如下图所示。

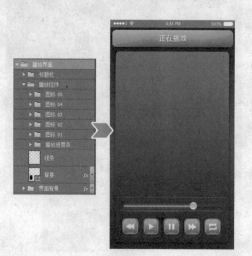

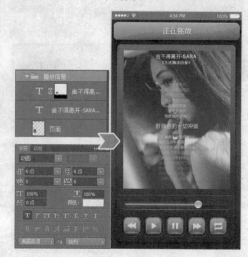

5 制作我的歌曲界面与歌曲列表界面 ▶

STEP 01 对前面绘制完成的界面背景、标题栏和图标栏进行复制，开始我的歌曲界面和歌曲列表界面的制作，并对标题栏中的文字信息进行更改，如下图所示。

STEP 02 使用文字、按钮、人像素材等元素来完善我的歌曲界面和歌曲列表界面中的信息，在图像窗口中可以看到编辑后的结果，如下图所示。

6 调整界面的整体色彩 ▶

STEP 01 创建三个色彩不同的颜色填充调整图层，接着创建图层组，命名为"色彩调整"，然后将创建的颜色填充图层拖曳到图层组中，便于管理和分类，如右图所示。

STEP 02 分别选中每个不同的颜色填充调整图层，在"图层"面板中对其混合模式和"不透明度"的设置进行更改，调整界面整体的颜色，在图像窗口中可以看到界面色彩发生了改变，完成本案例的制作，如右图所示。

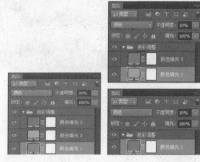

5.8 游戏APP客户端UI设计

游戏APP是指运行于移动设备上的游戏软件，随着移动设备功能越来越多，越来越强大，游戏APP的界面也不再简陋，已经发展到了可以和掌上游戏机媲美，具有很强的娱乐性和交互性的复杂形态，也更加精致、华丽。

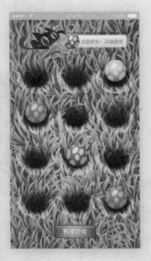

源文件 随书资源包\源文件\05\游戏APP客户端UI设计.psd

5.8.1 项目任务

以"打地鼠"游戏的操作为基调，设计一组猫咪抢球游戏的APP客户端界面，内容包括"欢迎界面"、"加载界面"、"积分界面"、"预览界面"、"游戏界面"和"结束界面"，要求画面活泼靓丽，色彩艳丽，突显出强烈的娱乐氛围，具有很强的质感。

5.8.2 提取关键字：抢球、打地鼠、猫咪

根据"项目任务"中的信息可以确定需要设计的游戏界面是参考"打地鼠"这个游戏来设计的，因此，在众多的信息中，提取"抢球"、"打地鼠"和"猫咪"这三个关键词，进而基本可以确定界面的内容，具体如下图所示。

游戏本身就是人们业余消遣时用来玩耍的，因此界面的设计应尽量表现出轻松、愉悦的感觉。根据"抢球"这个关键词，在设计中从众多不同类型的球中选择足球作为蓝本，对球的表面花纹进行美化，并通过渐变色使其呈现出立体效果，进而设计出立体感十足且外形可爱的球作为游戏中的操作元素。

其次，参考"打地鼠"游戏中草地的形态，使用质感更强、色彩更艳丽的草地进行设计，表现出真实球场的感觉，通过大面积浓郁的绿色草地，让玩家感受到更多清新、自然的感觉。

最后需要解决的就是游戏的形象，"打地鼠"游戏中的主要形象是可爱的地鼠，但是

本例中需要设计的是猫咪抢球，因此主要的形象是猫咪。对不同形态的简化效果的猫咪形态进行观察，再结合设计的球体进行创作，进而完善猫咪的形象，并采用与球体相同设计风格来定义猫咪的外形，对游戏的LOGO及游戏的代表性形象进行确定。

5.8.3 参考"打地鼠"游戏进行界面布局

由于本案例是以"打地鼠"游戏为原型进行创作的，在界面布局上，可以通过参考"打地鼠"游戏的布局来对界面内容进行编排，将横向的游戏界面设计为纵向的界面，具体如下图所示。

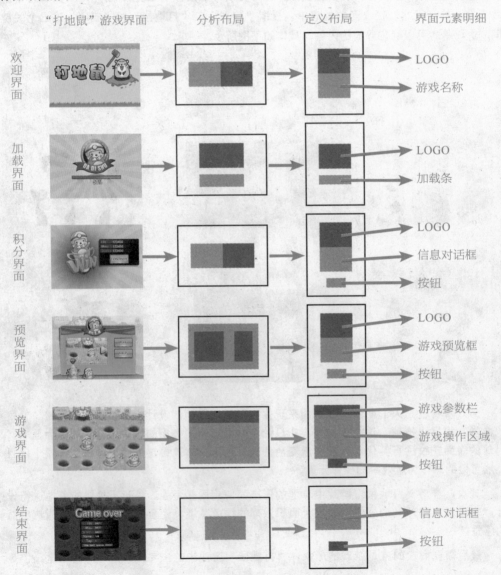

5.8.4 统一风格保持界面一致性

　　根据界面基础元素的设计风格，可以对界面中的其他控件的外观进行确定。由于球体和猫咪的外观都倾向于立体化的设计，其视觉上看起来比较细腻和逼真，因此在设计界面中的按钮、加载条、信息对话框等元素时，可以为这些元素添加多种图层样式，使其呈现的视觉层次感更强烈一些，让整个界面的风格保持一致性，具体如下图所示。

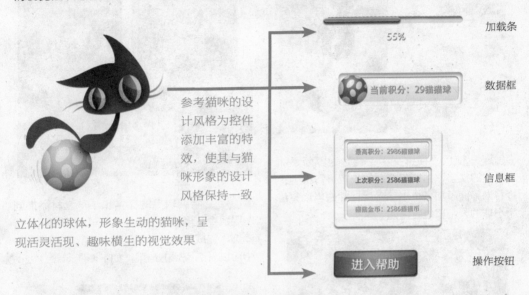

参考猫咪的设计风格为控件添加丰富的特效，使其与猫咪形象的设计风格保持一致

立体化的球体，形象生动的猫咪，呈现活灵活现、趣味横生的视觉效果

5.8.5 剖析案例制作步骤

① 制作欢迎界面 ▶

STEP 01 新建文档，使用草地素材作为界面的背景；接着创建渐变填充图层，并使用图层蒙版控制其编辑范围，在打开的"渐变填充"对话框中对选项进行设置，使界面背景呈现晕影效果，如下图所示。

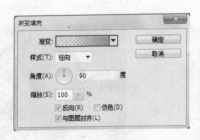

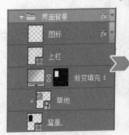

STEP 02 将所需的猫咪素材添加到界面中，适当调整其大小后放在适当的位置，再使用"外发光"样式对其进行修饰，在图像窗口中可以看到编辑的效果，如下图所示。

STEP 03 使用"横排文字工具"为界面添加上所需的文字，并按照特定的位置进行排列；接着为界面添加多个小球素材，并适当调整每个小球的大小和位置，如下图所示。

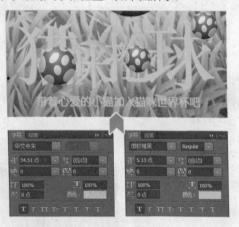

STEP 04 分别使用"色相/饱和度"调整图层对添加的小球素材进行色彩调整，使其色泽更加鲜艳，在图像窗口中可以看到编辑后的结果，如下图所示。

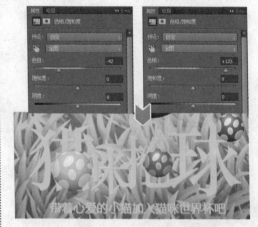

STEP 05 将编辑后的文字和小球素材添加到图层组中，再使用"投影"样式对图层组进行修饰，完成"欢迎界面"的制作，在图像窗口中可以看到编辑的结果，如下图所示。

2 制作加载界面 ▶

STEP 01 对前面绘制的界面背景和LOGO进行复制，并添加不同的小猫素材到界面中，适当调整素材的大小后使用"外发光"样式对其进行修饰，开始加载界面的制作，如右图所示。

STEP 02 使用"圆角矩形工具"在适当的位置单击并拖曳，绘制加载条的背景，并使用"投影"、"颜色叠加"和"内阴影"样式对其进行修饰，如下图所示。

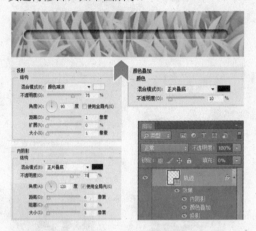

STEP 03 再绘制一个圆角矩形，使用"内阴影"样式对其进行修饰，并作为已加载的图像，放在界面适当的位置，在图像窗口中可以看到编辑的结果，如下图所示。

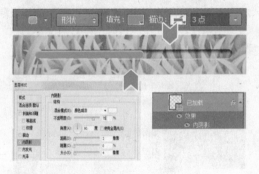

STEP 04 再绘制一个圆角矩形，设置其"填充"为0%，使用"内阴影"和"投影"样式对其进行修饰，并设置各个选项组中的参数，放在适当的位置上，如下图所示。

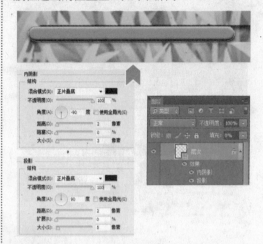

STEP 05 使用"横排文字工具"在适当的位置单击，输入所需的文字，打开"字符"面板对文字属性进行设置，并添加"投影"样式使其效果更丰富，如下图所示。

❸ 制作积分界面 ▶

STEP 01 对绘制的界面背景和LOGO进行复制，并添加不同的小猫素材到界面中，适当调整素材的大小，使用"外发光"样式对其进行修饰，开始积分界面的制作，如右图所示。

STEP 02 使用"圆角矩形工具"绘制一个圆角矩形作为对话框的背景，再使用"内阴影"和"投影"样式进行修饰，设置其混合模式为"柔光"，如下图所示。

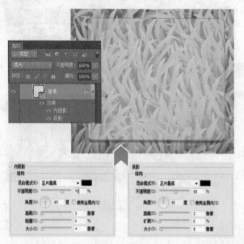

STEP 03 使用"圆角矩形工具"绘制圆角矩形作为文本框的背景，使用"内阴影"和"投影"样式进行修饰，然后设置其"填充"选项的参数为0%，如下图所示。

STEP 04 使用"圆角矩形工具"绘制形状，再使用"内阴影"、"渐变叠加"和"投影"样式进行修饰，然后设置"填充"选项的参数为0%，并将其作为文字输入区，如下图所示。

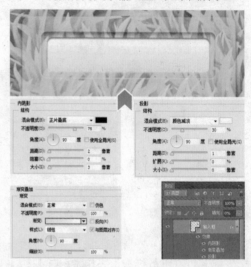

STEP 05 参考前述步骤，制作出其余文本框，接着使用"横排文字工具"在适当的位置单击，输入所需的文本，打开"字符"面板设置文字属性，并使用"投影"样式对文字的效果进行修饰，如下图所示。

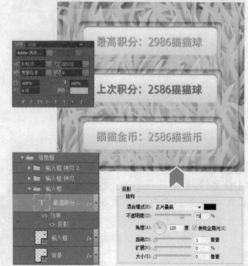

STEP 06 绘制按钮的背景，使用"渐变叠加"样式对其进行修饰，并在相应的选项卡中进行参数设置，在图像窗口中可以看到编辑后的效果，如下图所示。

STEP 07 绘制按钮的形状，使用"内阴影"、"渐变叠加"和"描边"样式修饰绘制的圆角矩形，在相应的选项卡中设置参数，并将其放在适当的位置上，如下图所示。

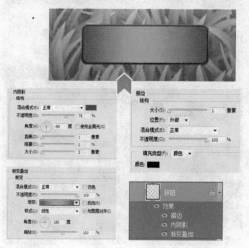

STEP 08 使用"钢笔工具"绘制按钮上的高光形状，设置其"填充"选项的参数为0%，再使用"渐变叠加"样式对高光形状进行修饰，增强按钮的层次感，如下图所示。

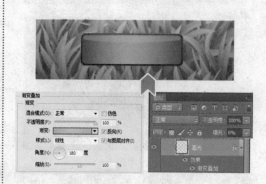

STEP 09 使用"横排文字工具"在按钮上添加文字，并打开"字符"面板设置文字的属性，通过添加"投影"样式增强文字的层次感，完成积分界面的制作，如下图所示。

4 制作游戏界面 ▶

STEP 01 对绘制完成的文本框、界面背景进行复制，开始游戏界面的制作，并添加其他猫咪素材，然后适当调整猫咪素材的大小和文本框中信息的内容，如右图所示。

STEP 02 新建图层，命名为"坑"，然后设置前景色为黑色，使用"画笔工具"在界面适当位置绘制，制作出黑色的坑效果，如下图所示。

STEP 03 新建图层，命名为"高光"，使用白色的"画笔工具"进行绘制，并在"图层"面板中设置"高光"图层的混合模式为"叠加"，再用图层组对图层进行管理，如下图所示。

STEP 04 对绘制的"坑"的图层组进行复制，适当调整每个坑的位置后按照一定的顺序对坑的摆放进行调整，在图像窗口中可以看到编辑后的效果，如下图所示。

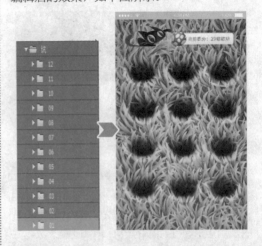

STEP 05 将小球素材添加到图像窗口中，适当调整小球的大小和位置，并使用"色相/饱和度"调整图层对小球的色彩进行调整，在图像窗口中可以看到编辑的结果，如下图所示。

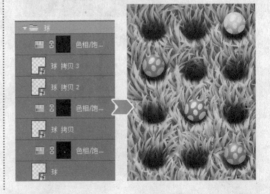

STEP 06 参考前面编辑和制作按钮的方式，为界面添加"暂停游戏"按钮，并将按钮放在界面的底部，完成"游戏界面"的制作，在图像窗口中可以看到编辑的结果，如右图所示。

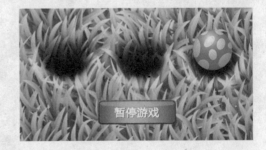

5 制作预览界面 ▶

STEP 01 对绘制的界面背景和LOGO进行复制，并添加小猫素材到界面中，开始预览界面的制作，参考对话框背景的设置制作预览界面背景，如下图所示。

STEP 02 对编辑完成的游戏界面进行复制，合并后使用剪贴蒙版对图层中图像的显示效果进行控制，并添加"内发光"样式对其进行修饰，如下图所示。

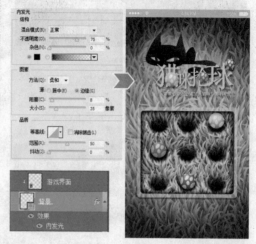

STEP 03 参考前面设置和编辑按钮的方法，为界面添加两个按钮，并将其放在界面的底部，完成"预览界面"的制作。在图像窗口中可以看到编辑的结果，如下图所示。

6 制作游戏结束界面 ▶

STEP 01 对前面绘制的游戏界面进行复制，接着将背景图像添加到选区，并为选区创建黑色的颜色填充图层，设置其"不透明度"为70%，开始游戏结束界面的制作，在图像窗口中可以看到编辑的效果，如右图所示。

STEP 02 使用"横排文字工具"输入所需的文字,并放在界面适当的位置,然后使用"描边"、"渐变叠加"和"外发光"样式对文字进行修饰,如下图所示。

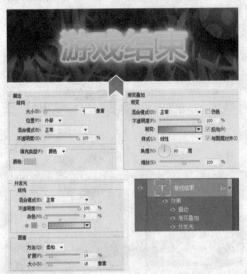

STEP 03 使用"圆角矩形工具"绘制出所需的形状,设置图层"不透明度"为50%,并使用"内阴影"、"渐变叠加"和"投影"样式对其进行修饰,作为对话框的背景,如下图所示。

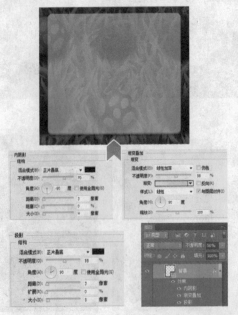

STEP 04 参考前面文本框的设置和绘制方法制作出界面中所需的文本框,对界面中的信息进行展示,并将文本框放在界面适当的位置,如下图所示。

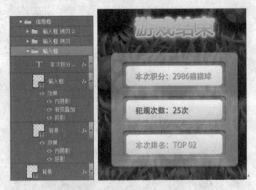

STEP 05 参考前面按钮的设置和编辑方法为界面添加一个按钮,并将其放在界面的底部,完成本案例的制作。在图像窗口中可以看到编辑的结果,如下图所示。

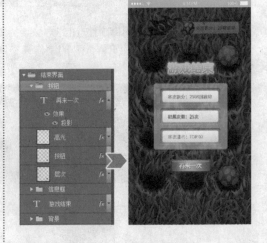

提示 在Photoshop中可以使用"移动工具"对图层中对象进行移动操作,此外,按键盘上的→或者←键可将对象微移1像素,按住Shift键,并按键盘上的箭头键可将对象微移10像素。